Deutscher Verein von Gas- und Wasserfachmännern.

Lagepläne und Beschreibungen neuerer Gasanstalten.

Mit 12 Tafeln.

Zur 39. Jahresversammlung in Cassel.

Als Manuscripte gedruckt.

München 1899.

Druck von R. Oldenbourg.

Inhalt.

Inhalt

Neues Gaswerk der Stadt Altona.

(Mit Tafel I.)

Das am Vorort Bahrenfeld gelegene Gaswerk nimmt einen Flächenraum von 79000 qm ein mit z. Zt. 13000 qm bebauter und 4000 qm gepflasterter Fläche; ferner bedeckt der Hofraum eine Fläche von 10250 qm mit rund 1000 lfd. m Eisenbahngleise (Normalspur) mit einer Drehscheibe sowie einer Hebe- und Drehvorrichtung für Eisenbahnwagen (Tafel I, 2). Das um 4,25 m gegen das Eisenbahnanschlussgleis tiefer liegende Gaswerksgrundstück hat guten Baugrund und liegt das Grundwasser 7 m unter Terrain.

Das in den Jahren 1894 bis 1896 zur Ausführung gebrachte Gaswerk ist für eine tägliche Gasproduction (24 Stunden) von 100000 cbm projectirt.

Das nach und nach, dem Bedürfniss entsprechend, auszubauende Werk ist in 4 Apparatensystemen (von je 25000 cbm Leistung) angelegt, wovon je 2 Systeme in gemeinschaftlichen Gebäuden Aufstellung finden.

Die jetzt ausgeführten Apparatehäuser sind, abgesehen von dem Uhrenhaus und der hydraulischen Station, die sogleich für die vollständig ausgebaute Anlage zweckentsprechend anzulegen waren, für 50000 cbm Tagesleistung angelegt und ist z. Zt. das 2. System der Apparatenanlage in der Ausführung begriffen.

Das zur Ausführung gebrachte Project des unterzeichneten Directors hat 4 Systeme vorgesehen, welch letztere getrennt von einander zu arbeiten vermögen, um im Falle einer grösseren Störung in einer Apparatenabtheilung niemals das ganze Gaswerk still stehen lassen zu müssen; desgleichen gestattet auch, wie schon bemerkt, die Anlage von 4 Systemen einen allmählichen Ausbau der Gaswerksanlage, wie bei der Projectbearbeitung besonders darauf Rücksicht genommen wurde, dass das fertige Gaswerk leicht erweiterungsfähig, übersichtlich und mit möglichst geringen Arbeitskräften zu betreiben ist.

Die Kohlen und sonstigen Materialien, die durch die Eisenbahn an- bezw. abgefahren werden, gelangen auf einem 4,25 m über dem Hofraum des Gaswerksgrundstücks liegenden Anschlussgleis, das mittels einer Ueberführung über die öffentliche Gasstrasse geleitet wird, nach dem Gaswerk. Sämmtliche zum Gaswerk kommenden Eisenbahnwagen müssen dabei eine Waage (Tafel I, 1), die zum Zweck des Nachwiegens der Materialien angelegt ist, passiren.

Während die Kohlen auf zwei von diesem Anschlussgleis sich abzweigenden Hochbahngleisen, die so stark construirt sind, dass sie von Lokomotiven befahren werden können, direct in den Kohlenschuppen (Tafel I, 3) gebracht werden, erfolgt die Ueberführung aller sonstigen Materialien bezw. Eisenbahnwagen auf einem dritten, besonderen Gleise, das zu einer hydraulischen Hebe- und Drehvorrichtung (Tafel I, 2) führt, vermittelst derer die Eisenbahnwagen 4,25 m unter gleichzeitiger Drehung um 38° auf das Hofniveau herabgelassen bezw. gehoben werden können. Von hier aus führt ein Gleis zu der auf dem Hofe liegenden Drehscheibe (Tafel I, 4), von welcher aus die Eisenbahnwagen nach jeder Hofrichtung hin dirigirt werden können.

Das Heben und Drehen eines Waggons erfolgt binnen 3 Minuten ohne Wasserverlust. Wenn schon die Technik wiederholt hydraulische Hebevorrichtungen für Eisenbahnwaggons zur Ausführung gebracht hat, so ist hier wohl zum ersten Male ein gleichzeitiges Drehen der zu hebenden oder zu senkenden Waggons in billiger und einer durchaus betriebssicheren Weise gelöst.

Direct an den Kohlenschuppen stösst der Kohlenbrechraum (Tafel I, 5), in welchem 2 Kohlenbrecher, die von 2 Stück 8 PS. Gasmaschinen angetrieben werden, montirt sind.

Die für 50000 cbm Tagesleistung bemessene Anlage ist so ausgeführt, dass beide Gasmaschinen, die zu beiden Seiten der Kohlenmaulbrecher in besonderen Räumen Aufstellung gefunden haben, auf eine für beide Brecher angelegte gemeinschaftliche Welle treiben.

Es vermag somit Gasmotor I nicht nur Brecher I sondern auch Brecher II, und ebenso Gasmotor II beide Brecher anzutreiben, es ist demnach für den guten Fortbetrieb der Brechanlage grösstmögliche Sicherheit gegeben. Jeder Brecher, von denen einer in Reserve steht, vermag in 1 Stunde bequem 10000 kg Kohlen zu brechen. Die Brecheranlage ist für eine Tagesleistung für reichlich 50000 cbm angelegt.

Mittels der Kohlenbrecher wird den zur Vergasung kommenden Kohlen eine gleichmässige Korngrösse gegeben. Abgesehen davon, dass die Kohle in Stücken von etwa 60 mm Durchmesser gleichmässig und vollständig entgast werden kann, so fällt dabei die Kohle bei dem maschinellen Einbringen in die schrägliegenden Retorten in gleicher Stärke, was, wie gesagt, für die Entgasung von ausserordentlicher Wichtigkeit ist.

Die gebrochene Kohle fällt in die unter den Brechern angelegten schmiedeeisernen Vorrathsbehälter, welch letztere die Kohlen wiederum in bereitstehende 1600 kg fassende Kohlentransportwagen abgeben. Die beladenen Kohlentransportwagen werden in die wenige Meter nahe gelegenen hydraulischen Kohlenaufzüge geschoben, 13 m hoch gehoben und in die über den Oefen liegenden Kohlenvorrathsbehälter geschüttet.

Mittels fahrbarer Füllgefässe wird die Kohle für die Gasöfen aus den Kohlenbehältern entnommen und an die Retorten abgegeben. Das Ofenhaus (Tafel I, 6) vermag in 2 Batterien von je 8 Stück 9er Oefen und in 2 Batterien von je 7 Stück 9er Oefen zusammen 30 Stück 9er Oefen oder 270 Retorten aufzunehmen.

Zur Ausführung gebracht sind 2 Batterien à 8 Oefen mit 144 Retorten und in der Ausführung begriffen eine weitere Batterie zu 7 Oefen.

Ein jeder Coze-Ofen hat normale, 3,54 m lange Retorten, die nach der vorderen Stirnwand mit 32° Neigung liegen und besitzt jeder Ofen einen Generator.

Von dem Ofenhaus aus gelangt man durch eine Thür in die Aufenthalts-, Ankleide- und Baderäume nebst Aborte für die Ofenhausarbeiter, während mit besonderem Eingang die betreffenden Räume für die Platzarbeiter auf der anderen Seite vom Kohlenbrechwerk liegen.

Hebebühne, Kohlenschuppen, Kohlenbrechhaus, sowie Ofenhaus sind massiv erbaut und durchweg mit eiserner Dachconstruction versehen.

Das aus den Oefen entweichende Rohgas wird durch eine in der Erde liegende 800 mm im Durchmesser habende gusseiserne Leitung zum Kühlraum (Tafel I, 7) bezw. dem Apparatehause mittels Exhaustoren (Tafel I, 8), die direct mit Dampfmaschinen gekuppelt sind, angesaugt und durch die weiteren Apparate und die Reinigung, Stationsgasmesser, nach dem 33000 cbm fassenden Gasbehälter gedrückt.

Zur Ausführung gebracht wurde das 1. Apparatesystem, während das 2. Apparatesystem in der Ausführung begriffen, nach dessen Fertigstellung das Gaswerk mit seiner Apparatcanlage über 50000 cbm in 24 Stunden zu leisten vermag.

Ein jedes Apparatesystem besteht aus 2 Luftkühlern, 2 Luft- und Wasserkühlern, 2 Exhaustoren mit Umlaufreglern, 1 Gaswascher und 1 Pelouze sowie einem Reinigungssystem von je 4 Reinigern (Tafel I, 9a und 9b); die Deckel der Reiniger werden hydraulisch gehoben. Besonders vermerkt wird, dass sämmtliche Ventile der Reinigungsanlage doppelten Schluss (hydraulischen und Teller-Schluss) haben.

Zwischen dem ersten und zweiten Reinigungssystem liegt der Regenerirraum (Tafel I, 10). Die Entleerung und Beschickung der Reiniger erfolgt mittels Hängebahnwagen, welch letztere durch eine praktische Weichenstellung auf die verschiedenen Gleise gebracht zu werden vermögen.

Sämmtliche Apparatehäuser sind gleichfalls massiv und mit eiserner Dachconstruction zur Ausführung gebracht und mit Dampfheizung versehen.

Die Betriebsrohrleitung der Apparatenanlage, aus 800, 650 bezw. 450er Rohren bestehend, liegt zu ebener Erde in gut beleuchteten und bequem begehbaren Räumen.

Die auf dem Hofe vor dem Wasserthurm liegenden Theer- und Ammoniakcisternen (Tafel I, 11) liegen unter der Erde und nehmen die in besonderer Leitung selbstabfliessenden Condensationsprodukte in einer Scheidekammer, welch letztere Theer und Ammoniak von einander scheidet und an die betreffenden Cisternen abgiebt, auf.

Die Cisternen sind in Stampfbeton ausgeführt und auf 900 cbm Fassungs raum bemessen und daher so gross, dass sie für 50000 cbm Tagesleistung genügen.

Im massiven Uhrenhaus (Tafel I, 12) hat zunächst ein Stationsgasmesser für 50000 cbm Tagesleistung Aufstellung gefunden. Für die drei vollständig getrennten Stadtrohrnetze musste je ein Stadtdruckregler (mit Wasserbelastung) aufgestellt werden, die sogleich für eine Tagesabgabe für 100000 cbm bemessen worden sind.

Der freistehende Gasbehälter (Tafel I, 13) besteht aus 3 Glocken und ist nach der Construction Dempster ausgeführt mit einem nutzbaren Inhalt von 33000 cbm; das Gasbehälterbassin ist in Stampfbeton hergestellt.

Die Dampfkesselanlage (Tafel I, 14), bestehend aus zunächst zwei Dampfkesseln von je 76 qm Heizfläche in einem massiv erbauten besonderen Hause, welches zwischen der Ammoniakfabrik und den Maschinenräumen bezw. Wasserthurm untergebracht, ist central so gelegt, dass sie sowohl den nöthigen Dampf für die Exhaustormaschinen, wie für zwei weitere, liegende 25 pferdige Dampfmaschinen, sowie für zwei Stück 25 pferdige stehende Dampfpresspumpen und endlich den Dampf für die Heizung der Apparateräume und des Gasbehälters abzugeben vermag.

Für die Wasserversorgung des Gaswerks wie zum Pumpen von Theer- und Ammoniakwasser aus den Cisternen nach dem Wasserthurm sind im Maschinenhause 2 liegende 25 PS. Dampfmaschinen aufgestellt. Eine Maschine dient davon als Reserve, während die im Betriebe befindliche Maschine die Wasser-, Theer- und Ammoniakpumpen anzutreiben hat.

Während 2 Reinwasserpumpen, die das Wasser aus dem nahe liegenden 42 m tiefen Brunnen anzusaugen und nach dem in der 3. Etage des Thurms aufgestellten Hochreservoir zu drücken haben, in dem unterkellerten Dampfmaschinenraum Aufstellung gefunden, sind die Theer- und Ammoniakpumpen in einem besonderen an den Dampfmaschinenraum angebauten Pumpenhaus aufgestellt.

Die in dem Maschinenraum gleichfalls aufgestellten 2 Dampfpresspumpen bilden in Verbindung mit dem mit 85000 kg gusseisernen Platten belegten Accumulator die hydraulische Kraftstation. Hier wird das Presswasser, welches mittels der Dampfpresspumpen unter den Accumulatorkolben gedrückt wird, mit 50 Atm. Druck erzeugt. Accumulator und Dampfpresspumpen sind durch Kataract so verbunden, dass die Presspumpen bei Kraftbedarf selbstthätig anspringen bezw. in Thätigkeit treten, sowie bei hochgehobenem Accumulator wieder ausrücken. Eine der beiden 25 PS. Presspumpen dient als Reservemaschine.

Das Presswasser wird mittels zweier von einander getrennter Ringleitungen den an verschiedenen Stellen im Gaswerk befindlichen Hebeapparaten zugeführt, während das Abwasser der letzteren nach der Kraftstation zurückgeleitet wird.

Ueber dem Maschinenhaus befindet sich der massiv erbaute dreietagige Wasserthurm. In demselben sind die Theer- und Ammoniak-Reservoirs und in der 3. Etage das zur Wasserversorgung der ganzen Fabrik dienende Hochreservoir aufgestellt.

Das Gebäude für die bereits beschriebene Dampfkesselanlage stösst an das Maschinenhaus, mit welchem es direkt durch eine Thür in Verbindung steht.

Das Ammoniakwasser wird in einem an das Kesselhaus anstossenden, massiven, besonderen Gebäude auf schwefelsaures Ammoniak verarbeitet. Desgleichen ist in diesem Gebäude ein besonderer Raum für die Abtrocknung und Lagerung von schwefelsaurem Ammoniak abgetrennt.

Auf dem Hofe, in Nähe des Cokelagerplatzes, hat ein Cokebrech-, Sortir- und Verladewerk (Tafel I, 15), mit welchem man in einer Stunde 10000 kg Coke zu brechen u. s. w. vermag, Aufstellung gefunden.

Das massive Werkstattgebäude (Tafel I, 16), gegenüber dem Ofenhaus gelegen, nimmt im Parterre die Schmiede und Schlosserei und in der 1. Etage die Gasmesserfabrik sowie Probirstation für Gas- und Wassermesser auf und in der 2. Etage die Lagerräume.

An das Werkstattgebäude angebaut ist eine Chamottemühle, die gleichzeitig vom Werkstattmotor, einer 4 PS. Gasmaschine, angetrieben wird.

Am Eingang zur Fabrik, dem Uhrenhause gegenüber, liegt das geräumige, massiv ausgeführte Verwaltungsgebäude. Dasselbe hat im Erdgeschoss Kellerräume für das Laboratorium und für die Beamtenwohnungen, desgleichen Wohnung für den Portier.

Im Parterre befinden sich sämmtliche Betriebsbureaus für die Gas- und Wasserwerke und das technische Bureau wie Laboratorium.

In der 1. Etage sind dagegen die Dienstwohnungen für den Betriebs-Inspektor und Betriebs-Ingenieur der Gas- und Wasserwerke untergebracht.

Zwischen Uhren- und Verwaltungsgebäude liegt in der Fahrstrasse eine Waage für den Fuhrwerksverkehr von und zur Fabrik.

Das hiermit nur kurz beschriebene Gaswerk ist am 6. Mai 1896 in Betrieb genommen und bis jetzt ununterbrochen im Betriebe gehalten worden. Das Werk hat sich während der dreijährigen Betriebsperiode nach jeder Richtung hin bewährt und die Bedingungen und Hoffnungen erfüllt, die die Stadtverwaltung an dasselbe zu stellen berechtigt war.

Die Betriebskosten pro 1 cbm Gas stellten sich im Betriebsjahre 1897/98 auf 3,06 Pfg. und einschliesslich Verzinsung und Amortisation der ganzen Anlage auf 7,61 Pfg.

Burgmann.

Die vier Berliner städtischen Gasanstalten.

Mit Tafel II und III.

Die Berliner städtischen Gaswerke bestehen zur Zeit aus vier Gasanstalten, von welchen jede eine örtlich getrennte Gasbehälterfiliale besitzt.

Die Gasversorgung von Berlin durch die städtischen Werke begann am 1. Januar 1847 mit den beiden Anstalten am Stralauerplatz und an der Gitschinerstrasse. Die erstere stellte am 1. April 1899, also nach 52 jährigem Bestehen, den Betrieb ein und dient jetzt als Gasbehälteranstalt, welche von der Gasanstalt an der Danzigerstrasse mit Gas versorgt wird. Auch die in den Jahren 1845—1846 erbaute Gasanstalt an der Gitschinerstrasse besteht in ihrer ursprünglichen Gestalt schon seit geraumer Zeit nicht mehr; auf ihrem durch Ankauf erweiterten Terrain wurde in den siebziger Jahren durch Umbauten und Neubauten allmählich eine neue Anstalt errichtet. Die Anstalt an der Müllerstrasse, welche im December 1859, damals als die dritte städtische Gasanstalt, den Betrieb eröffnete, wurde Anfangs der achtziger Jahre durch Ankauf von Nachbargrundstücken und deren Bebauung mit Betriebsgebäuden in ihrer Leistung erheblich vergrössert. Die beiden jüngsten Anstalten an der Danzigerstrasse und bei Schmargendorf, in den Jahren 1872—1874 und 1890 bis 1893 erbaut, haben bisher Veränderungen in der Lage der alten Betriebsgebäude nicht durchgemacht; sie sind in ihrer Grundstücksgrösse von vornherein so gross angelegt worden, dass beide Anstalten durch Ausbauten in ihren Leistungen noch stark erweiterungsfähig sind und wenigstens für absehbare Zeit einem gesteigerten Bedürfniss genügen dürften.

In Folgendem soll eine gedrängte Beschreibung und Erläuterung der vier Berliner Anstalten gegeben werden. Da indess die Construction der Betriebsapparate und deren Reihenfolge in den 4 Anstalten im Wesentlichen dieselben sind, so mögen diese Apparate allgemein für alle Anstalten in Kürze vorher behandelt werden.

Die Gaserzeugung geschieht durch Generatoröfen mit 8 bezw. 9 horizontalen Retorten, Querschnitt der Retorten 520 $\times$ 390 mm elliptisch, Länge 2,80 m, und durch Cozeöfen mit 9 unter 32° geneigten Retorten desselben Querschnitts, Länge in der Axe gemessen 3,5 m. Die Theervorlagen bestehen aus Schmiedeeisen und die Tauchröhren aus Gusseisen.

Die Condensatoren sind stehende gusseiserne Cylinder von 1—1,3 m Durchmesser mit 6,6 bezw. 8,8 m Höhe, jeder Cylinder mit 7—12 inneren gusseisernen Röhren, durch welche Kühlwasser geleitet wird.

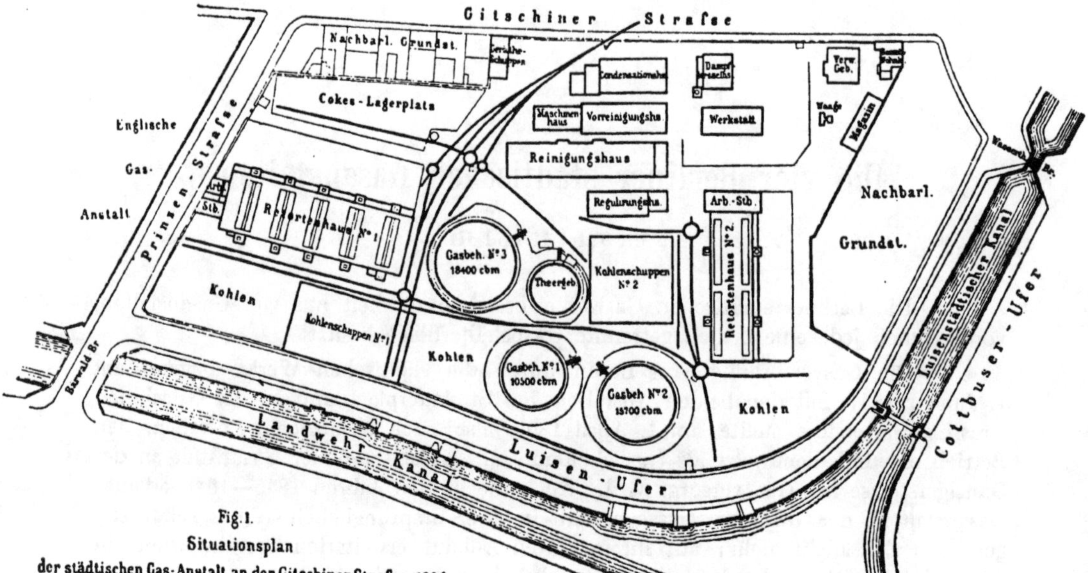

Fig. 1.
Situationsplan
der städtischen Gas-Anstalt an der Gitschiner Strafse. 1896.

Fig. 2.

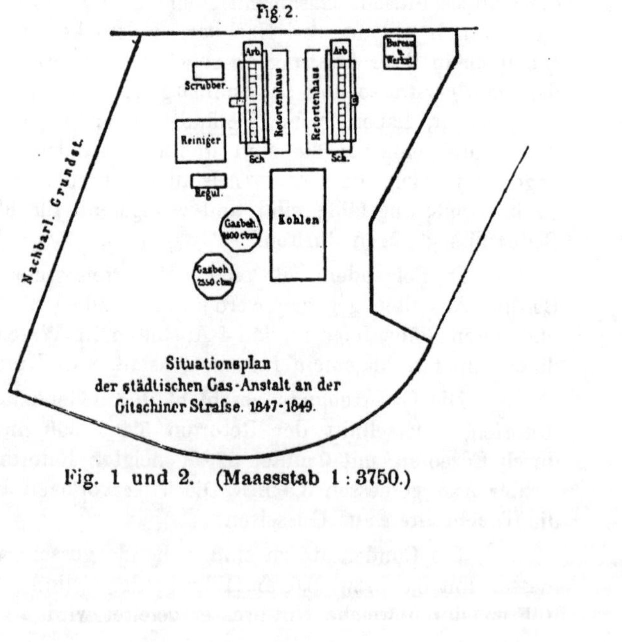

Situationsplan
der städtischen Gas-Anstalt an der Gitschiner Strafse. 1847-1849.

Fig. 1 und 2. (Maassstab 1 : 3750.)

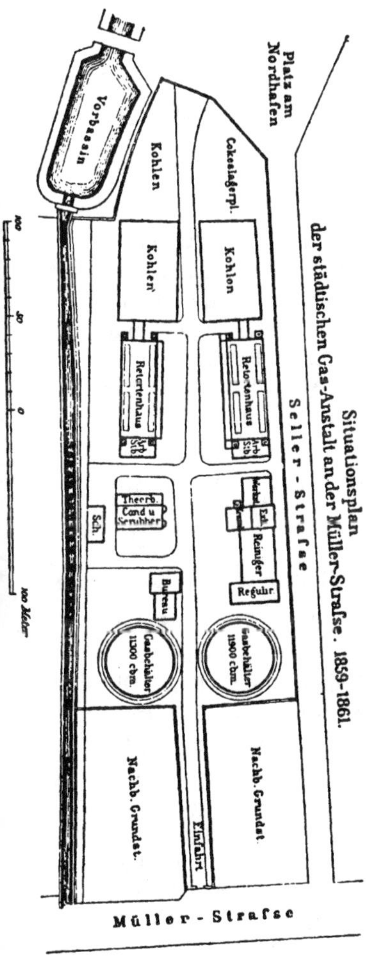

Fig. 4

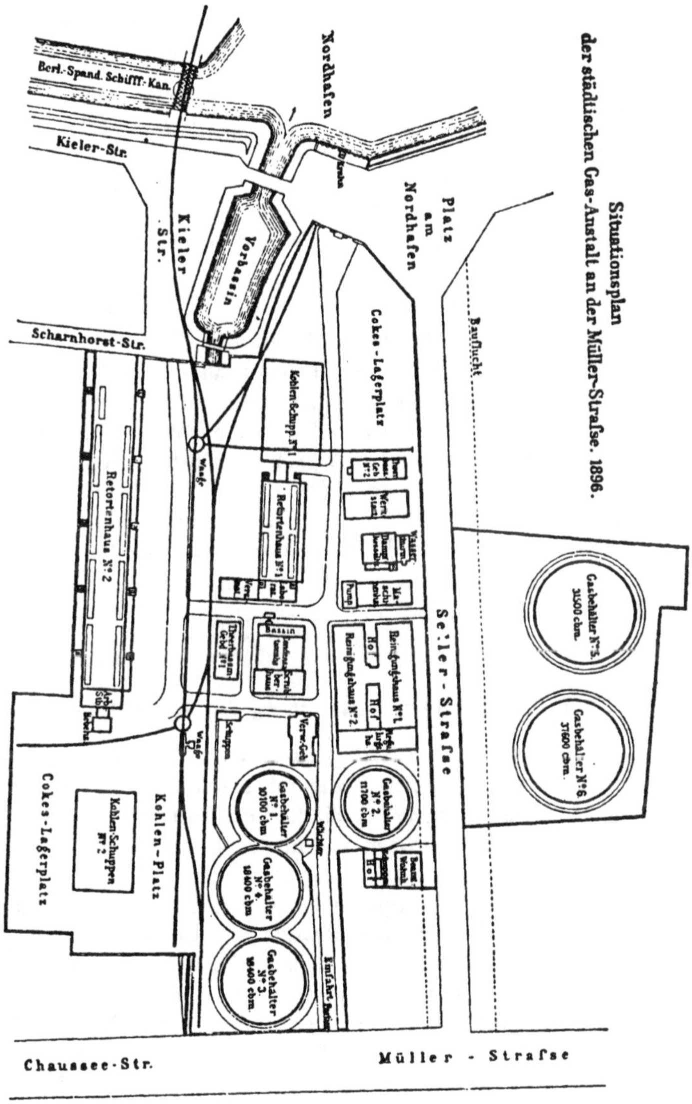

Fig. 3. (Maassstab 1:3750.)

Hinter den Condensatoren folgen die Apparate Andouin & Pélouze, jeder mit einer Leistung von 50000 cbm pro 24 Stunden.

Hiernach folgen die Scrubber, mit der alleinigen Ausnahme in der Anstalt Schmargendorf, wo dieselben hinter den Exhaustoren angeordnet sind. Die Scrubber, aus gusseisernen Platten erbaut, haben theils rechteckigen, theils 10 bezw. 12 eckigen Grundriss, letztere mit 4,0–4,2 m Durchmesser und 13,8–15,0 m Höhe; sie sind mit hölzernen Horden aus hochkantig gestellten Stäben von 13 × 1 cm belegt.

Die Exhaustoren sind Balancirdampfmaschinen mit je zwei Exhaustorcylindern, die ältesten mit 0,94 m Durchmesser und 0,94 m Hub und die neuesten vom Jahre 1893 ab mit 1,2 m Durchmesser und 1,0 m Hub.

Die Reinigerkästen, aus Gusseisen, je vier in einem System, werden auf vier Hordenschichten mit Rasenerz belegt; die Maasse der grössten Kästen sind 7,53 × 5,34 m. Vor den Reinigern stehen Vorreiniger, welche auf 4—6 Hordenlagen mit Sägespähnen gefüllt werden.

Die Stationsgasmesser, von den Fabriken Pintsch und Elster bezogen, gestatten einzeln bis 3600 cbm Gasdurchgang pro Stunde.

Die Gasbehälter, in allen Anstalten und Behälterfilialen zusammen 22, haben sämmtlich gemauerte Bassins und sind von massiven Häusern umgeben. Die neuesten Behälter sind dreitheilig und haben tangentiale Führungsrollen, während die älteren Behälter zweitheilig sind und radial geführt werden. Der noch im Betriebe stehende kleinste Behälter hat einen Inhalt von 2800 cbm und der grösste Behälter einen solchen von 94000 cbm bei 65,0 m Bassindurchmesser und 11,0 m Mantelhöhe der Glocke. Der Gesammtbehälterraum der 22 Glocken beträgt 698600 cbm.

Die Röhren der Ueberfüllleitung von den Anstalten nach den Behälterfilialen, die Betriebsröhren und die Ausgangsröhren von den Anstalten besitzen Durchmesser von 710—1065 mm.

1. Städtische Gasanstalt an der Gitschinerstrasse. (Fig. 1 und 2.)

Die Anstalt ist so gelegen, dass die Kohlen sowohl zu Wasser als auf dem Schienenwege der Anstalt zugeführt werden können. Das in der Gitschinerstrasse liegende Eisenbahngleis verbindet die Anstalt mit dem Schlesischen Bahnhof. Die Kohlen können im Freien wie in den beiden Kohlenschuppen, welche den Retortenhäusern gegenüberliegen, gelagert werden. Von den zwei Retortenhäusern besitzt das Haus Nr. 1 5 Doppelreihen von Oefen, welche senkrecht zur Längsachse des Hauses angeordnet sind und paarweise mit dem Rücken gegeneinander liegen. Im Hause Nr. 2 stehen die Oefen parallel zur Längsachse des Hauses. Die Beschickung der Oefen geschieht im Hause Nr. 1 von Hand und im Hause Nr. 2 zum Theil durch elektrisch betriebene Zieh- und Lademaschinen. Es beträgt die Anzahl der in der Anstalt vorhandenen Oefen 107 und die Zahl der Retorten 931. Die nach den Oefen folgenden und oben bezeichneten Betriebsapparate sind sämmtlich in massiven Häusern untergebracht, welche in dem Lageplan mit Namen kenntlich gemacht sind.

Die Anstalt besitzt drei Gasbehälter mit zusammen 43600 cbm Inhalt, während die zur Anstalt Gitschinerstrasse gehörige Gasbehälteranstalt an der Fichtestrasse, wohin zum Theil das in der Gitschinerstrasse producirte Gas übergefüllt wird, zur Zeit drei Gasbehälter mit zusammen 96900 cbm Inhalt hat. Der vierte im Bau begriffene Behälter von 47000 cbm Inhalt wird im nächsten Jahre in Betrieb genommen werden.

Im Betriebsjahr 1898/99 wurden in der Anstalt Gitschinerstrasse 110650 t Kohle vergast, welche eine Production von 32048000 cbm Gas erzielten.

2. Städtische Gasanstalt an der Müllerstrasse. (Fig. 3 und 4.)

Die Zufuhr der Kohlen und die Abfuhr der Coke und der Condensationsproducte kann auch für diese Anstalt sowohl auf dem Wasserwege als durch die Eisenbahn, welche im Anstaltsniveau liegt und nach dem Hamburger Bahnhof führt, erfolgen. Es sind den Giebelseiten der Retortenhäuser gegenüber zwei Kohlenschuppen vorhanden, welche durch Hochbahnen für Schmalspur mit den beiden Retortenhäusern verbunden sind. Die ganze Kohlenförderung in der Anstalt geschieht zum weitaus grössten Theil maschinell mit hydraulischer Kraftübertragung. Die Oefen in den beiden Retortenhäusern sind parallel zur Längsachse der Häuser angeordnet; die Bedienung der horizontalen Retorten erfolgt von Hand, während die geneigten Retorten durch bewegliche, mit Laufkatzen an Schienen geführte Füllkästen chargirt werden. Im Ganzen hat die Anstalt 93 Oefen mit 777 horizontalen Retorten und 15 Oefen mit 135 geneigten Retorten.

Auch in dieser Anstalt sind alle nach den Oefen folgenden Betriebsapparate in massiven Häusern, welche in dem Lageplan namentlich bezeichnet sind, aufgestellt.

Die Anstalt besitzt sechs Gasbehälter mit zusammen 127700 cbm Inhalt, während die zugehörige Gasbehälteranstalt am Koppenplatz nur über einen Behälterraum von 5700 cbm verfügt.

An Kohlen wurden im Betriebsjahr 1898/99 111085 t vergast, welche 32180000 cbm Gas lieferten.

3. Städtische Gasanstalt an der Danzigerstrasse. (Tafel II.)

Die Kohlen werden der Anstalt vom Bahnhofe Weissensee der Berliner Ringbahn durch Hochbahngeleise direct zugeführt. Unmittelbar an der Hochbahn liegen auf der einen Seite die Retortenhäuser und auf der anderen Seite die Kohlenschuppen, so dass die Kohlentransporte auf das kleinste Maass herabgesetzt sind. In beiden Retortenhäusern liegen die Oefen parallel zur Längsachse des Hauses; die Retorten, sämmtlich horizontale, werden von Hand bedient. Im Ganzen sind 124 Oefen mit 1098 Retorten vorhanden.

Alle nach den Oefen folgenden Betriebsapparate sind in geschlossenen Häusern, siehe Lageplan, untergebracht.

Die Anstalt füllt einen Theil ihrer Gasproduction nach der Behälterfiliale am Stralauerplatz über; es wird dies mit Maschinenkraft, und zwar durch drei an einer Welle mit versetzten Kurbeln hängenden Kolbenpumpen mit einer Leistung von ca. 20000 cbm pro Tag, bewirkt. Die Welle erhält den Antrieb durch eine Dampfmaschine. Die Ueberfüllrohrleitung nach dem Stralauerplatz hat einen Durchmesser von 710 mm.

Die Anstalt besitzt vier Gasbehälter mit zusammen 224900 cbm Inhalt, während die Filiale am Stralauerplatz zwei Gasbehälter mit zusammen 36800 cbm Inhalt hat.

Im Betriebsjahr 1898/99 wurden in der Anstalt Danzigerstrasse 138830 t Kohlen vergast und 39690000 cbm Gas producirt.

4. Gasanstalt bei Schmargendorf. (Tafel III.)

Die Kohlen erhält die Anstalt vom Bahnhof Halensee der Berliner Ringbahn auf Hochbahngeleisen. Neben der Hochbahn liegt auf der einen Seite der Kohlenschuppen auf der anderen das Retortenhaus. In dem letzteren sind die Ofenreihen parallel zur Längsachse des Hauses angeordnet; die Oefen haben zum Theil horizontale, zum Theil geneigte Retorten. Für die Speisung der letzteren ist eine maschinelle Kohlenförderung vorgesehen. Nachdem die Kohlen in einem Brecherwerk zerkleinert sind, werden sie in eisernen Transportwagen durch hydraulische Hebewerke auf die Höhe des oberen Arbeitsfussbodens gehoben, von Hand auf Schmalspurgleisen hinter die Oefen gefahren und in eiserne Kohlenbehälter entleert. Aus diesen gleiten die Kohlen in fahrbare Füllkästen, welche wie diejenigen in der Anstalt Müllerstrasse eingerichtet sind. Die Füllkästen entleeren ihren Inhalt in die geneigten Retorten. Die Bedienung der Oefen mit horizontalen Retorten erfolgt von Hand. Im Ganzen sind 40 Oefen mit 360 horizontalen Retorten und 20 Oefen mit 180 geneigten Retorten vorhanden.

Bezüglich der übrigen Betriebsapparate wird auf das im Eingang dieser Erläuterung Gesagte und auf den Lageplan verwiesen.

Zu dieser Anstalt gehört die Gasbehälterfiliale an der Augsburgerstrasse. Um das Gas dorthin überzufüllen, ist eine ähnliche Maschinenanlage wie in der Anstalt Danzigerstrasse, nur in grösserem Maassstabe aufgestellt worden. Das Ueberfüllrohr hat einen Durchmesser von 840 mm.

Die Anstalt besitzt einen Gasbehälter mit 81000 cbm Inhalt und in der Filiale an der Augsburgerstrasse ebenfalls einen Behälter von 81000 cbm Inhalt.

Die Anstalt nebst der Filiale ist ausbaufähig auf eine Leistung von ca. 400000 cbm pro Tag.

Gegenwärtig wurden im Betriebsjahr 1898/99 60634 t Kohlen vergast und 17298000 cbm Gas producirt.

Die Gesammtproduction an Gas in allen Berliner städtischen Gasanstalten zusammen betrug im Betriebsjahre 1898/99 128140000 cbm, im Vorjahre 121746000 cbm, Zunahmen gegen das Vorjahr 5,25 %.

Es werde noch bemerkt, dass die am 1. April d. Js. ausser Betrieb gesetzte Anstalt am Stralauerplatz im verflossenen Betriebsjahre 1898/99 mit 6924000 cbm Gas an der Gesammtproduction betheiligt war und 24175 t Kohlen vergaste.

Streichert.

Neues Gaswerk Bremen.

Projekt von H. Salzenberg.

Mit Tafel IV.

Innerhalb der auf dem Lageplan, Tafel IV, dargestellten Anlage sollen von 3 Ofenbatterien zu je 10 Oefen und von 3 parallel geschalteten Apparatensystemen zunächst nur zwei Drittel ausgebaut werden, die Gebäude aber gleich in voller Grösse, sodass darin demnächst auch das letzte Drittel der Oefen und Apparate ohne weiteres untergebracht werden kann.

Die voll ausgebaute Anlage wird voraussichtlich für eine grösste Tagesproduction von mindestens 105000 cbm Kohlengas und mit Zusatz von carburirtem Wassergas für eine solche von mindestens 120000 cbm ausreichen.

Das für den Neubau des Gaswerks im Jahre 1897 enteignete Gelände in Woltmershausen (am linken Weserufer) von etwa $32^1/_3$ ha gestattet, die Anlage (durch Ausdehnung in der Längenrichtung der Gebäude) zu vervierfachen, so dass man in Zukunft mit 4 neben einander liegenden, aber von einander unabhängig arbeitenden Gaswerken von gleicher Grösse, wie das jetzt projectirte, eine grösste Tagesleistung von 480000 cbm — d. h. das Achtfache der im nächsten Winter zu erwartenden — wird erreichen können.

Die Ankunftstelle der auf der Eisenbahn angebrachten Kohlen ist der etwa 600 m von der Nordgrenze des Geländes entfernte Neustadts Bahnhof; Schiffe von 1000—1200 Tonnen Ladefähigkeit werden demnächst an dem auf Tafel IV bezeichneten Löschplatze des Woltmershauser Kanals anlegen können, wo eine Anlegebrücke mit Hebeeinrichtungen zum Ueberladen der Kohlen aus dem Schiffe auf Eisenbahnwagen zu erbauen ist. Die Projectirung dieser Anlagen steht zur Zeit noch aus, da die Arbeiten zur Vertiefung und Verbreiterung des Kanals noch einige Zeit in Anspruch nehmen werden.

Zur Verbindung beider Ankunftstellen mit dem Kohlenschuppen sind Eisenbahngleise normaler Spurweite vorgesehen, auf denen die Eisenbahnwagen ohne weitere Umladung mit Locomotivbetrieb bis in den Kohlenschuppen (Tafel IV, 1) gelangen. Vier Anfuhrgleise sind in letzterem auf solcher Höhe angeordnet, dass der Lagerraum in seiner ganzen Breite (40 m) unmittelbar von den Wagen aus durch Ueberbordwerfen der Kohlen gefüllt wird.

Der Kohlenschuppen ist von gleicher Länge wie das für 30 Oefen bemessene Retortenhaus. Durch eine in gleichem Schritte erfolgende Verlängerung beider Gebäude wird demnach auch in Zukunft an dem Verhältnisse des Kohlenlagerraums zum Jahresverbrauche der Oefen nichts geändert werden. Letzterer ist für 30 Oefen auf 80000—90000 Tonnen anzunehmen, und ersterer fasst bei einiger seitlicher Anhäufung der Kohlen mehr als 18000 Tonnen. Dies genügt, um bei einem über das ganze Jahr gleichmässig vertheilten Kohlenbezuge auch in der Winterzeit des stärksten Verbrauchs jederzeit einen mindestens den Bedarf des folgenden Monats deckenden Vorrath auf Lager zu haben.

Die Querträger der 4 Schienengleise ruhen mit ihren Enden auf Scheidemauern, die den Lagerraum in 9 parallel mit den Gleisen laufende Abtheilungen theilen, so dass man verschiedene Kohlensorten getrennt lagern kann und die Verbreitung einer etwaigen Selbsterhitzung von einer Abtheilung auf die andere verhindert wird.

Die aus den Eisenbahnwagen abgeworfenen Kohlen fallen nicht auf den Fussboden des Schuppens, sondern werden in rinnenförmigen Behältern oder Taschen von dreieckigem Querschnitt aufgefangen, die durch je zwei gegen einander geneigte Betonplatten gebildet werden. Die unterhalb der letzteren verbleibenden Räume bilden 42 Gänge von 2,20 m Breite, die unter Durchbrechung der 8 Längsmauern den Schuppen von der Vorder- bis zur Hinterwand durchqueren und auf Schmalspurgleisen die Abfuhr der den Taschen unterwärts entnommenen Kohlen gestatten. Zu diesem Zwecke haben die Taschen längs ihrer untern Dreieckskante eine Schlitzöffnung, aus der die Kohle seitlich auf eine davor befindliche wagerechte Tischplatte fällt. Letztere liegt 1,3 m über Fussboden und steht, der Höhe der Schlitzöffnung entsprechend, so weit vor, dass die herausfallende Kohle sich unter ihrem natürlichen Böschungswinkel darauf lagert, ohne über die Vorderkante der Tischplatte herabzufallen. Von letzterer wird die Kohle mittels rechenartigen Werkzeugs in darunter gefahrene Karren gezogen, und nur so lange dies fortgesetzt wird, erfolgt ein weiteres Nachrutschen von Kohle auf die Tischplatten. Letztere sind aus Gusseisen vorgesehen; die geneigten Lagerflächen der Kohlentaschen sollen an Ort und Stelle aus Beton mit Eisenarmatur (sog. Eisenfederdecke mit Betonumhüllung) hergestellt, und die stark beanspruchte Oberfläche des Betons soll durch eine Beimischung von Eisenspänen zum Cement besonders widerstandsfähig gemacht werden.

Das Ofenhaus (Tafel IV, 2) ist für 30 Oefen mit je 9 geneigt liegenden Retorten von 5 m Länge berechnet, und es wird erwartet, dass mit jedem dieser Oefen am Tage des stärksten Betriebes eine Gasproduction von 3500—4000 cbm erzielt werden wird.

Die Kästen der dreirädrigen Karren, in denen die Kohle aus den Gängen des Schuppens abgefahren wird, sind von dreieckiger Form, mit geneigtem Boden und einer an einer Axe hängenden Vorderwand, die sich, sowie der hinter dem Karren schiebende Arbeiter mit dem Fusse einen Riegelverschluss zurückschiebt, unter dem Drucke der Kohlen öffnet und letztere in die Grube des Kohlenbrechers hinabrutschen lässt. Diese Gruben, in denen die gebrochene Kohle in den Fuss der Becherelevatoren fällt, liegen nur 4,5 m von den Ausgängen des Kohlenschuppens entfernt, und der Bodenbeleg dieses Zwischenraums, auf dem die innerhalb der Gänge auf Spureisen fahrenden Karren weitergeschoben werden, ist von Gusseisenplatten vorgesehen. Die Elevatoren fördern die gebrochene Kohle in einen oberhalb der Oefen über die ganze Länge jeder Ofenbatterie sich erstreckenden Kohlenhochbehälter, und zwar mittels einer darüber angeordneten Förderrinne, durch deren Bodenöffnungen die vom Elevator geförderte Kohle in den Behälter vertheilt wird. Zum Betriebe des Kohlenbrechers, des Elevators und der Förderkette einer Ofenbatterie dient eine Dampfmaschine von 20 PS., und alle diese Einrichtungen sind für jede Batterie von 10 Oefen in doppelter, von einander unabhängiger Ausführung vorgesehen.

Unter dem Boden des Kohlenhochbehälters, und fest mit demselben verbunden, sind hinter jedem Ofen, genau den drei Verticalreihen der Retorten gegenüber, drei je eine Retortenladung fassende Zwischenbehälter (oder Messgefässe) angeordnet. Dieselben sind an ihrer oberen Einlauf- wie an ihrer unteren Auslauföffnung mit Schiebern versehen, und durch eine den oberen Schieber öffnende und gleichzeitig den unteren schliessende Hebelbewegung wird das Messgefäss mit Kohlen aus dem Hochbehälter gefüllt. Durch die entgegengesetzte Hebelbewegung wird die Füllung in die zu beschickende Retorte entleert, und zwar mit Hülfe eines auf Hängeschienen hinter den Oefen fahrbaren Trichters, der vorher untergefahren wird und die herausfallende Kohle mittels einer vorziehbaren Auslaufschnauze in die Retorte leitet.

Beim Entleeren der Retorten rutscht die glühende Coke direct in Behälter mit geneigtem Boden, die vor sämmtlichen Oefen, jedoch ausserhalb der nur 1,30 m vom Ofenmauerwerk abstehenden Vorderwand des Hauses angeordnet sind, und in diesen Behältern wird sie, von einer davor angebrachten Gallerie aus, mittels Schlauchs und Handrohrs abgelöscht. Die Behälter fassen die Cokeproduction der Nachtschichten und die abgelöschte Coke verbleibt darin, bis man sie (nur in den Tagesstunden durch Oeffnung von Klappthüren in ein darunter gefahrenes Transportgefäss fallen lässt, um sie dann auf einem vor der ganzen Länge des Retortenhauses laufenden Gleise zum jeweiligen Standorte eines die Vertheilung und Aufhäufung der Coke auf dem Lagerplatze bewirkenden Brückenkrahns zu befördern.

Das Gerippe des nur 8,52 m im Lichten weiten, aber sehr hohen Ofenhauses wird ganz aus Eisen hergestellt, und die Wandflächen werden nur soweit durch Glasfenster, Wellblech- und Rabitzverkleidungen geschlossen bezw. durch Wellblech-Schiebethüren abschliessbar gemacht, als es zum unmittelbaren Schutze der Arbeiter und der Oefen gegen Wind und Wetter nothwendig ist, im übrigen aber für den Zutritt frischer Luft und den Abzug von Dampf und Rauch offen gelassen. Das Dach erhält als Binder armirte Blechträger mit hölzernen Pfetten, auf denen die Schalung für eine Eindeckung mit Theerpappe befestigt wird. Zwischen Pfetten und Bindern wird eine Zwischenlage von Xylolith angeordnet, um die ausdörrende Ofenhitze von dem Holze der Pfetten und Verschalung abzuhalten.

Das Terrain vor und hinter dem Ofenhause liegt auf + 1,50 m über dem Bremer Nullpunkte der Weser, und 18 m darüber trägt die Hinterwand eine nach aussen vorspringende bedachte Gallerie, von der die Köpfe der Elevatoren und die Kohlenbehälter mit den darüber liegenden Förderrinnen zugänglich sind. Eine zweite, ebenfalls über die Hinterwand vorspringende Gallerie liegt 9,35 m über Terrain, und der Riffelblech-Fussboden derselben setzt sich innerhalb des Hauses bis an das Mauerwerk der Oefen fort. Von diesem Fussboden erfolgt die Beschickung der Retorten, und die Arbeiter können, wenn sie zwecks Entleerung der Retorten mit längeren Werkzeugen dem Ausrutschen der Coke von oben nachzuhelfen haben, auf die ausspringende Gallerie zurücktreten. Noch weiter abwärts, 2,50 m über Terrain, liegt zwischen den Oefen und der Hinterwand des Hauses ein durch kleine Treppen von unten zugänglicher, mit Ziegelsteinen gepflasterter Fussboden, von welchem die Generatorfeuerungen der Oefen geschlackt werden. Innerhalb des Hauses, 13,80 m über Terrain, liegt ein durchbrochener und aufnehmbarer Fussboden, von dem oberhalb die Theercondensationsröhren und unterhalb die Vorlagen der Oefen zugänglich sind. Dieser Platten-Fussboden ruht auf Walzeisenträgern, die ihrerseits an hohen armirten Blechträgern befestigt sind; und von letzteren liegt je einer gerade oberhalb der Ofen-Scheidewände und verbindet die Eisenständer der Vorderwand des Hauses mit denen der Hinterwand.

Aussen vor der Vorderwand des Hauses ist ein bedachter, aber nach der Hofseite offener Vorbau angeordnet, von dessen 6 m über Terrain liegendem Fussboden (aus Beton mit einliegender Eisenfeder-Armirung) die Entleerung der Retorten und die Füllung der Generatoren mit Coke (direct aus den Retorten) bewirkt wird. Schiebethüren von Wellblech, je eine jedem Ofen gegenüber, trennen den Vorbau vom Ofenhause und schützen die Oefen vor unnöthiger Abkühlung, indem immer nur vor demjenigen Ofen, dessen Retorten entleert werden, und nur während der Dauer der Entleerung die betreffende Thür zur Seite geschoben wird, sodass die Arbeiter, wenn sie mit längeren Werkzeugen dem Ausrutschen der Coke nachzuhelfen haben, bis an das 4,5 m von den Retortenmundstücken entfernte Geländer des Vorbaus zurücktreten können. Alle in derselben Horizontalreihe liegenden Retorten der im Betriebe befindlichen Oefen je einer Ofenbatterie werden hinter einander entleert, darauf die einer zweiten und endlich die der dritten Horizontalreihe; und unmittelbar nach jeder unteren Entleerung erfolgt deren Wiederbeschickung mit frischen Kohlen von oben.

Unterhalb des Vorbaus und verbunden mit den Stützen desselben sind die schon oben erwähnten Behälter mit geneigten Böden angeordnet, in denen die aus den Retorten gerutschte Coke abgelöscht wird. Die Wandungen dieser Behälter sind von Eisenblech mit Ausnahme der oberhalb des Galleriefussbodens befindlichen Theile der Vorderwand, die aus offenem Gitterwerk bestehen, damit der Arbeiter in der ganzen Breite mit dem Wasserstrahl zukommen kann und damit der Löschdampf frei nach vorn entweicht. Der geneigte Boden ist aus Beton vorgesehen mit einem Belage glatter, feuerfester Fliesen, von einer Art, die sich in Retortenhausfussböden als sehr widerstandsfähig gegen die Erhitzung und plötzliche Abkühlung beim Ablöschen der Coke bewährt hat.

An vier Stellen, gegenüber den Enden und Zwischenräumen der drei Batterien von je zehn Oefen, sind in den gegen den Hof offenen Vorbau des Ofenhauses geschlossene, nur von innen des Ofenhauses zugängliche Räume eingeschaltet, von denen drei zum Aufenthalte der Ofenarbeiter in ihren Ruhepausen und der vierte für das Aufsichtspersonal bestimmt sind, und unter denen sich Wasch- und Baderäume befinden. An den entsprechenden vier Stellen hinter dem Ofenhause sind Anbauten in Eisenfachwerk, zum Theil über den Elevatorgruben, zur Aufnahme der Betriebsdampfmaschinen für die Kohlenbrecher, Elevatoren und Förderrinnen angeordnet, mit Wellblechdächern, die zum Schutze der an den Kohlenbrechern beschäftigten Arbeiter bis an den Kohlenschuppen verlängert sind.

Zwischen Kohlenschuppen und Ofenhaus sind zwei Abortgebäude (3 des Lageplans) für die ausserhalb des Ofenhauses beschäftigten Arbeiter angeordnet, und dazwischen in der Mitte ein Gebäude (4 des Lageplans) zum Aufenthalte derselben in ihren Ruhepausen. Erstere sind mit massiver Rückwand, sonst aber in Holzfachwerk mit Pappedeckung vorgesehen, mit je acht Aborten und zwei Pissoirs, alle mit Wasserspülung. Das Arbeiterhaus, in einfachem Ziegelrohbau mit Pappdach, enthält zwei Ess- und Aufenthaltsräume, zwei Baderäume mit zwei Wannen- und vier Brausebädern und einem Ankleideraum, über dem Ganzen einen durch eine Treppe zugänglichen Boden.

Das Mauerwerk der Oefen wird selbstverständlich oben und unten in der Quer- und Längsrichtung durch starke Zuganker zusammengehalten, und zwar greifen dieselben an je einem Paare lothrechter Ankerschienen von 32 cm hohem I-Profil an. Jeder Ofen erhält, wie auf der alten Gasanstalt seit langen Jahren bewährt, seinen eigenen Blechschornstein, der in der Mitte der Ofenrückwand steht und nur um ein kurzes Stück die höchste Dachkante überragt. Die Voflagen der Oefen sind abwechselnd gegen einander versetzt, und demgemäss haben die das Gas aus den Steigröhren der Retorten in die Vorlagen leitenden Uebergangsröhren benachbarter Oefen abwechselnd verschiedene Spannweiten. Diese Versetzung hat den Zweck, aus dem Ende jeder Vorlage nach Entfernung des Deckels eine darin gelagerte doppelgängige Schnecke, durch deren mit Kurbel von Hand bewirkte Drehung der dicke Theer auf dem Boden der Vorlage behufs Ablassens nach der Mitte zusammengeschoben wird, nach Erforderniss herausziehen zu können. Dem entsprechend sind auch die über den Vorlagen liegenden Condensationsröhren abwechselnd gegen einander versetzt. In diesen wird aus dem unmittelbar aus den Vorlagen kommenden Gase schon in warmem Zustande ein grosser Theil des noch darin vorhandenen Theers ausgeschieden und in die Vorlagen zurückgeleitet. Rahmen mit lothrechten Gitterstäben, die zur Förderung des Zwecks in die Röhren eingesetzt werden, sind behufs Reinigung von Zeit zu Zeit herauszunehmen, was bei versetzten Röhren nach Entfernung der Enddeckel keine Schwierigkeit macht. Oberhalb der Condensationsröhren liegt in der ganzen Länge des Ofenhauses ein 55 cm weites Sammelrohr, durch Schieber in drei Strecken für je 10 Oefen getheilt, und von jeder dieser Strecken führt eine ebenso weite Abzweigung in's Freie. Von diesen Abzweigungen setzen sich drei hochliegende Leitungen ausserhalb des Ofenhauses zunächst bis zu dem der Versuchsanstalt benachbarten Ende desselben fort und laufen dann, rechtwinklig ablenkend, auf einem die verschiedenen Gleise überschreitenden Brückengestelle bis zur Ecke des Kesselhauses. Hier treten die drei Leitungen hinab in den Boden und laufen unterirdisch bis zur Futtermauer des Cokeplatzes, von wo sie dann wieder als Hochleitungen, die Fabrikstrasse kreuzend, weitergehen in den zwischen Kühler- und Exhaustorhaus belegenen Raum.

Sehr wichtig für die Oeconomie des Betriebs ist die Art und Weise, in der die Aufhäufung der Coke auf dem Hofplatze und ihre Entnahme von dort zum Verkaufe bewirkt wird. Mit menschlichen Arbeitskräften stellt sich die Arbeit theuer, und es ist daher hier ein maschineller Betrieb geplant.

Darnach ist ein den Hofplatz (9) in seiner ganzen Breite überspannender und in der ganzen Länge des Platzes verschiebbarer Brückenkrahn (10) in Aussicht genommen, bestehend aus zwei unter einander verbundenen Gitterträgern mit einer unterhalb der Querverbindungen hängenden Bahn für elektrischen Seilbetrieb einer Laufkatze. Diese Gitterträgerbrücke wird durch zwei auf Schienengleisen parallel zum Retortenhause fahrbare Gerüste unterstützt, von denen das dem Ofenhause nächste aus einem A-förmigen Rahmen besteht, der mit vier Rädern auf einer Einzelschiene fahrbar ist und nur zur Unterstützung der Brücke dient. Das die letztere am entgegengesetzten Ende unterstützende Gerüst dagegen, welches mit zwölf Rädern auf einem Gleise von 4,2 m Spurweite fährt, besteht aus zwei ähnlichen, aber quer zur Gleisrichtung gestellten A-Rahmen, mit denen ein in Eisenfachwerk hergestelltes und mit Wellblech bekleidetes Maschinenhaus verbunden ist. Dieses Haus enthält die durch einen Elektromotor von 50 PS. betriebene Fördermaschine mit drei Windetrommeln und allem Zubehör. Der thurmartig erhöhte Stand des Maschinisten gestattet demselben die ganze Brückenbahn zu übersehen und mit drei Hebeln alle nöthigen Bewegungen zu regeln, um den mit Coke gefüllten Kübel bis unter die Brückenbahn zu heben, ihn längs dieser bis zu einem beliebigen Punkte zu befördern, ihn dann herabzulassen, nach seiner selbstthätigen Entleerung ihn wieder aufzuziehen, an den Ausgangspunkt der Brückenbahn zurückzubefördern und hier schliesslich wieder niederzulassen. Zwischen den 56 m von einander entfernten und parallel zum Retortenhaus laufenden Gleisen, auf denen der Brückenkrahn fahrbar ist, liegt die als Cokelager dienende Fläche, die bei einer 7 m hohen Aufhäufung vor der ganzen Länge des Retortenhauses eine Lagerung von mehr als 300000 hl gestattet. An ihren Enden gehen die Gitterträger freitragend beträchtlich über die Unterstützungsgerüste hinaus: vor dem Retortenhause um so viel, dass das herabhängende Seil der Laufkatze bis über das Schmalspurgleis reicht, auf dem der aus den Cokebehältern gefüllte Kübel, auf einem niedrigen Wagen stehend, dem jeweiligen Standorte des Brückenkrahns durch elektrischen Betrieb zugeführt wird. Das entgegengesetzte Ende des Brückenkrahns aber ragt über das Unterstützungsgerüst freitragend so weit hinaus, dass das an der Laufkatze hängende Gefäss mit seiner vor dem Retortenhause (oder an irgend einem Punkte der zwischenliegenden Laufbahn) aufgenommenen Cokefüllung bis über die Abfuhrstrasse gefördert werden kann, die zwischen der Futtermauer des um 2 m höheren Cokeplatzes und den die Betriebsapparate enthaltenden Gebäuden liegt. Diese Strasse hat neben einem der Futtermauer des Cokeplatzes zunächst liegenden Bahngleise eine gepflasterte Fahrbahn, und die auf jenem wie auf dieser verkehrenden Wagen können daher direct vom Krahne beladen werden. Natürlich kann auch an jedem beliebigen Punkte der Laufbahn zwischen den beiden Unterstützungsgerüsten ein Herablassen des Gefässes und damit eine Ablagerung der vor dem Retortenhause aufgenommenen Coke erfolgen, so dass der über die ganze Länge des Platzes verschiebbare Krahn jede Stelle dieses Platzes belegen kann. Die hierzu dienenden Gefässe fassen je 11 bis 12 hl (etwa 450 kg) Coke und sind so eingerichtet, dass sie im beladenen Zustande, sobald sie mit ihrem Boden den Grund oder den Cokehaufen berühren, ihren Inhalt selbstthätig auskippen, während sie beim Wiederanheben nach der Entleerung selbstthätig in ihre aufrechte Stellung zurückkehren. Auch das Wiederaufnehmen gelagerter Coke, die vom Haufen entnommen und auf der Abfuhrstrasse direct verladen oder vorher zur Zerkleinerungseinrichtung gebracht werden soll, besorgt der Krahn ohne wesentliche Beihülfe menschlicher Arbeitskraft, und zwar mittels eines sich ebenfalls selbstthätig einrichtenden Schaufelgefässes, dessen mit Stahlzähnen versehene Schaufelkante in den Cokehaufen eindringt und beim Weiterschleifen die Füllung bewirkt.

Die Anlage für Zerkleinerung und Sortirung der Coke ist zwischen den beiden oben beschriebenen A-Rahmen, die an dem der Fabrikstrasse nächsten Ende der Krahnbrücke deren Unterstützung bilden und an die sich das Maschinenhaus anschliesst, angeordnet. Der an dieser Stelle verfügbare Raum ist auf drei Seiten mit Wellblech ummantelt und an seiner vierten Seite durch die Wand des Maschinenhauses abgeschlossen. Der untere Theil dieses Raums, der durch Holzverschalung staubfrei umkleidet wird, nimmt einen Elektromotor von 6 bis 7 PS. auf, der obere Theil die Brechmaschine mit Vorsieb und Sortirsieb. Die Einrichtung ist so vorgesehen, dass der Cokebrecher sowohl durch den grossen Brückenkrahn als durch einen am Brecher hängenden Becherelevator mit grober Coke gespeist werden kann, und dass das in drei Korngrössen gewonnene Brechgut nach Belieben in Kippwagen eines Schmalspurgleises fällt, oder sich neben dem Brecher aufhäuft, oder in eine Messvorrichtung befördert wird, die auf einem Normalspurgleise unmittelbar neben der Futtermauer der um 2 m tiefer liegenden Fabrikstrasse fahrbar ist. Um gleichzeitig grobe und zerkleinerte Coke messen zu können, sind zwei solcher Messvorrichtungen (oder Messwagen) mit anhängendem Elevator erforderlich, zu deren Betriebe und Fortbewegung je ein Elektromotor von 2 bis 3 PS. dient. Jeder Apparat besorgt selbstthätig das Auskippen der gemessenen Coke, registrirt die Zahl der gemessenen Hektoliter und füllt nach Belieben entweder Hektolitersäcke oder lässt die Coke auf einer transportablen Rutsche in einen auf der Strasse stehenden Wagen hinabgleiten.

An die östliche Giebelwand des Ofenhauses schliesst sich die Versuchsanstalt für Kohlengas (5), und an diese die Wassergasanlage (No. 6 des Lageplans).

Die Versuchsanstalt wird mit Apparaten für eine Tagesproduction von 4000 bis 4500 cbm Kohlengas ausgerüstet. Die zunächstliegenden fünf Retortenöfen sind so eingerichtet, dass einer derselben mit den Versuchsapparaten verbunden werden kann.

Die auf der alten Gasanstalt vorhandenen Versuchsapparate reichen für die Gasproduction eines der neuen Oefen nicht aus, aber die in der Versuchsanstalt aufzustellenden Kühler und Skrubber können den auf der alten Anstalt dem grossen Betriebe dienenden Apparaten, sobald dieselben dort überflüssig werden, entnommen werden. Ebenso drei Reiniger und ein Productionsmesser, die jedoch nicht in dem Gebäude No. 5, sondern erstere zusammen mit den Reinigern des Wassergases im Gebäude 24, und letzterer zusammen mit den Productionsmessern des Kohlen- und Wassergases im Gasmessergebäude 19 aufgestellt werden. An neuen Versuchsapparaten ist nur ein Gaswäscher und ein Exhaustor mit Dampfmaschine und Zubehör für die Versuchsanstalt zu beschaffen: ausserdem ein neuer Gasbehälter, No. 23 des Lageplans, da die auf der alten Gasanstalt demnächst wegfallenden kleinen Behälter zu alt sind, um eine Wiederverwendung zu ermöglichen.

Das an die Versuchsanstalt anschliessende Gebäude für die Wassergasanlage bietet Raum, um die auf der alten Gasanstalt vorhandenen und in das neue Gebäude zu überführenden Apparate in Zukunft, wenn es zweckmässig erscheint, verdoppeln zu können, und durch Anbau eines gleich grossen Apparatenhauses würde man die Leistungsfähigkeit vervierfachen können.

Der Apparatenraum hat ein auf eisernem Dachstuhl und Holzpfetten mit Pappe eingedecktes Dach, durch welches ein Blechschornstein die während des Heissblasens im Carburator erzeugten Verbrennungsgase ins Freie abführt. Neben dem Apparatenraume befindet sich der durch eine Betondecke auf Eisenträgern abgedeckte Maschinenraum, der so gross vorgesehen ist, dass auch bei einer Verdoppelung oder Vervierfachung der Apparate die nöthigen Maschinen, Gebläse und Pumpen darin Platz finden werden. Ueber dem Maschinenraume befindet sich ein aus Eisenfachwerk bestehender Aufbau, der den Zweck hat, einen Vorrat von Coke in solcher Weise zu lagern, dass vom Fussboden dieses Lagerraums, der 1,2 m höher liegt als der Arbeitsflur des Apparatenraumes, durch Oeffnungen in der Zwischenwand die

Coke durch blosses Vorziehen direct in die zur Beschickung des Generators dienenden Wagen fällt. Die Verlängerung der vor dem Ofenhause entlangführenden Schmalspurbahn bringt den niedrigen elektrischen Wagen, auf dem der Transportkübel mit der den Cokebehältern vor den Oefen entnommenen Cokeladung fährt, bis unmittelbar vor die Eingangsthür des Maschinenraums der Wassergasanlage, wo mittels einer elektrisch betriebenen Winde der Kübel mit seinem Inhalte gehoben, auf einer Hängebahn unter dem Dache des das Cokelager enthaltenden Aufbaus entlanggezogen, und an einem beliebigen Punkte dieser Bahn niedergelassen und selbstthätig gekippt wird, in ähnlicher Art, wie dies bei dem den Hofplatz bedienenden Brückenkrahne beschrieben worden ist.

Hinter dem Gebäude liegt, bei No. 7 des Lageplans, die unterirdische Theercisterne der Wassergasanlage, und weiter östlich, bei No. 29 des Lageplans, sind die Oelbehälter angeordnet, zwei kleine auf der alten Gasanstalt bereits vorhandene und ein neuer grösserer.

Der für die Wassergasanlage nothwendige Ausgleichbehälter, No. 22 des Lageplans, ist zunächst als einfacher Gasbehälter von 3000 cbm Fassungsraum mit eisernem Wasserbehälter vorgesehen, jedoch mit den nöthigen Vorkehrungen, um später nach Bedarf durch Hinzufügung eines Aufzug- (oder Teleskop-) Mantels den Inhalt verdoppeln zu können. Aus diesem Zwischen- oder Ausgleichbehälter saugt ein Exhaustor, der demnächst mit zwei anderen von gleicher Grösse auf der alten Gasanstalt frei wird, das Wassergas und drückt es durch ebenfalls frei werdende Reiniger und Productionsmesser in den grossen Gasbehälter, No. 21 des Lageplans. Die drei frei werdenden Exhaustoren, die zusammen für eine vervierfachte Leistung der Wassergasanlage ausreichen, finden ihren Platz in dem allen Exhaustoren gemeinsamen Exhaustorenhause 20. Die acht Reiniger werden, zusammen mit drei für die Versuchsanstalt, im Gebäude 24, die beiden Productionsgasmesser in dem für alle Gasmesser gemeinschaftlichen Gebäude 19 untergebracht.

Den Cokeplatz (9 des Lageplans) im Osten begrenzend liegt das Kesselhaus (8 des Lageplans); dasselbe ist für neun Kessel berechnet, von denen zunächst acht auszuführen sind. Bei den vielen maschinellen Einrichtungen des neuen Gaswerks und bei dem erheblichen Dampfverbrauche, den die freistehenden eisernen Gasbehälterbassins bei starkem Frost zu ihrer Heizung erfordern können, ist der ganze Fabrikationsbetrieb in viel höherem Maasse von einer reichlich bemessenen und genügende Reserve bietenden Dampfkesselanlage abhängig, als dies bei den bisher üblichen Betriebseinrichtungen der Fall war. In Zukunft kann bei Verlängerung des Kesselhauses die Zahl der Kessel bis auf 13 vermehrt werden, und diese Zahl wird selbst für einen Betrieb von 60 Oefen mit einer vervierfachten Wassergasanlage noch ausreichen. Sämmtliche Kessel werden mit Unterwindgebläsen eingerichtet, und jeder erhält seinen eigenen Blechschornstein, um in gleicher Weise, wie es seit Jahren auf der alten Gasanstalt geschieht, die Rückstände der Coke (Grus) zur Feuerung zu verwerthen. Jedem Kessel gegenüber ist im Gebäude ein gemauerter Behälter angeordnet, und diesen Behältern wird das Feuerungsmaterial vom Cokeplatze auf einer unmittelbar vor dem Kesselhause vorüberführenden, aber 1,8 m höher als der Fussboden desselben liegenden Schmalspurbahn zugeführt. Kippwagen entleeren ihren Inhalt durch Oeffnungen der äusseren Gebäudemauer, die dicht über Terrainhöhe unterhalb der Fenster liegen und mit Klappen verschliessbar sind, direct in die tiefer liegenden Behälter, und aus Oeffnungen, die dicht über Fussbodenhöhe in der inneren Wand der Behälter angebracht sind, wird das Brennmaterial vor die gegenüberliegenden Kessel gezogen. Das Dach besteht aus einem eisernen Dachstuhl mit Holzpfetten und Pappedeckung.

Nahe dem Kesselhause liegt (No. 11 des Lageplans) das Elektricitätswerk zur Erzeugung des Stroms, der zum Betriebe des Cokekrahns mit der zugehörigen elektrischen Bahn, der Cokeaufbereitungsanlage mit den Messvorrichtungen und zur Innenbeleuchtung der Apparatengebäude erforderlich ist. Das Erdgeschoss des Gebäudes enthält einen Maschinenraum, berechnet für vier Verbunddampfdynamos von je 50 PS., von denen zunächst zwei auszuführen sind. Ueber dem Maschinenraume liegt der Accumulatorenraum mit einer Batterie von 750 Ampèrestunden (bei dreistündiger Entladung).

Eine unter demselben Dache angeordnete Verlängerung des Gebäudes enthält im Erdgeschoss das chemische Laboratorium mit dem Arbeitszimmer des Chemikers, im Obergeschoss den Photometerraum und ein zugleich als Bibliothek zu benutzendes Versammlungszimmer. Der sich über das ganze Gebäude erstreckende Bodenraum soll als Magazin für Reservetheile, namentlich für solche feinerer Art und kleiner Dimensionen, eingerichtet und verwendet werden.

Die das Kohlengas vom Ofenhause quer über den Hofplatz und die Fabrikstrasse führenden 55 cm weiten Leitungen treten, wie früher beschrieben, an der auf dem Lageplane zwischen 12 und 13 liegenden Stelle in die Apparatengebäude ein, wo sie sich auf 50 cm verengen. An dieser Eintrittsstelle liegen in der Höhe der eintretenden Leitung die Wechselventile derselben und unterhalb eine gepflasterte Durchfahrt auf Terrainhöhe, von der rechts und links Stufen mit Podesten zu den Eingangsthüren der anliegenden Räume führen.

Das Kühlerhaus (12 des Lageplans) ist für drei parallel geschaltete Batterien von Luftkühlern bemessen, von denen zunächst zwei ausgeführt werden. Jede Batterie besteht aus drei neben einander liegenden dünnwandigen Blechröhren von 60 cm Durchmesser und 36 m Länge, die das am höchsten Punkte der obersten Reihe eintretende Gas in einem sechsfachen Zickzackwege bis zum tiefsten Punkte der untersten Reihe durchstreicht, um dann wieder aufwärts zu den Wechselventilen zurückgeführt zu werden. Jede Batterie bietet eine Luftkühlfläche der Röhren von 1220 qm, was für 1000 cbm der grössten Tagesproduction, letztere für je 10 Oefen zu 45000 cbm gerechnet, reichlich 27 qm ergibt. Dies entspricht einer Durchgangsgeschwindigkeit des Gases von nicht völlig 37 m in der Minute, und einer Durchgangsdauer des Gases in jeder Batterie von beinahe 6 Minuten. Die Leistung der Luftkühlung wird noch dadurch verstärkt, dass der unterste Lauf der drei Röhren in einem Wasserbehälter liegt, dessen Wasserzulauf je nach der gewünschten Wirkung geregelt werden kann. Die ganze Röhrenbatterie wird durch ein starkes Gerüst von Walzeisen unterstützt und zusammengehalten, und durch zahlreiche Fenster, und einen Lüftungsaufsatz des Daches wird ein kräftiger aber nach Bedarf zu regelnder Luftwechsel ermöglicht.

Ein niedriger Anbau mit Pappdach an der Ostseite des Kühlerhauses (35 des Lageplanes) ist für die Aufnahme von zwei Pumpen bestimmt, zur Beschaffung des Wasserbedarfs aus dem nahe gelegenen Brunnen (34 des Lageplans).

Auf der anderen Seite des Durchgangsraumes und mit diesem unter einem Daohe liegt der Exhaustorenraum (13), und daneben der Raum für die Theerabscheider (Pelouze) (14).

Jeder der beiden von je zehn Oefen gelieferten Gasströme wird im Exhaustorenhause auf zwei Exhaustoren von 34000 und 27000 cbm Tagesleistung vertheilt, wodurch so lange, bis das dritte Parallelsystem ausgebaut werden muss, eine genügende Reserve auch dann vorhanden ist, wenn einer der grösseren Exhaustoren zur Zeit des stärksten Betriebes versagen sollte, da die Gasleitungen der beiden Systeme, obwohl in der Regel jedes für sich gesondert arbeiten soll, doch für Nothfälle unter einander, und später auch mit dem dritten, verbunden werden. Will man in Zukunft bei Ausbau des dritten Parallelsystems mit der Möglichkeit rechnen, dass unter sechs Exhaustoren zeitweilig zwei versagen könnten, so braucht man, um auch in diesem Falle gesichert zu sein, die beiden Exhaustoren dieses dritten Systems nur so viel grösser zu nehmen, dass die Gesammtleistung von vier Exhaustoren noch genügt, um das Gas von 30 Oefen zu bewältigen.

Jeder Exhaustor wird durch eine direct gekuppelte Dampfmaschine getrieben, deren Umdrehungszahl durch den Gasdruck selbstthätig geregelt wird. Ein für jedes Exhaustorenpaar angeordneter Umgangsregler verhindert ausserdem durch Rücktritt geförderten Gases in die Saugleitung eine etwaige Unterschreitung des Vacuums in letzterer.

Zwischen dem Raume der Theerabscheider (14 des Lageplans) und dem Skrubberhause (15 des Lageplans) ist genügender freier Raum gelassen, um für Wasserkühlapparate oder andere Einrichtungen, deren Einschaltung an dieser Stelle sich etwa als wünschenswerth erweisen sollte, das entsprechende Gebäude einschieben zu können.

Das Skrubberhaus (15 des Lageplans) ist für die Aufstellung von neun Doppelskrubbern in drei Parallelreihen berechnet, von denen zunächst sechs in zwei Reihen auszuführen sind. In jeder Reihe sind drei Doppelskrubber hinter einander geschaltet, der erste in seinem unteren Theile als Wäscher eingerichtet, und zusammen von einem kubischen Inhalte von 509 cbm, der auf je 1000 cbm grösster Tagesproduction 11,3 cbm ausmacht. Dies entspricht einer Durchgangsgeschwindigkeit des Gases von 2,2 m in der Minute und einer Durchgangsdauer von reichlich 16 Minuten.

Ueber den 12 m hohen Skrubbern sind auf eisernen Trägern, die durch eiserne Ständer gestützt werden, Behälter für reines Wasser und für das zur Berieselung der Skrubber dienende Ammoniakwasser angeordnet. Durch Treppen und Gallerien mit Riffelblechfussböden sind die Apparate, Röhrenleitungen und Ventile überall, wo es nothwendig ist, zugänglich.

Vier Reinwasserbehälter, von zusammen 210 cbm nutzbarem Inhalt, werden bei zeitweiligen Unterbrechungen der Wasserförderung aus dem Brunnen auf lange Zeit hinaus eine genügende Reserve bieten. Ausserdem sind zwei Ammoniakwasserbehälter von zusammen 105 cbm Nutzinhalt angeordnet. Es können jedoch jederzeit noch weitere Hochbehälter in diesem Gebäude angelegt werden, wofür sowohl der Raum vorhanden, als die Stärke der Träger ausreichend ist.

Die Füllung der 3 m im Durchmesser haltenden Skrubber besteht aus 15 cm breiten dünnen Brettern, die mit engen Zwischenräumen neben einander gestellt und in sich kreuzenden Lagen über einander aufgebaut werden. Die gleichmässige Vertheilung des Berieselungswassers über den ganzen Skrubberquerschnitt erfolgt durch Tropfenvertheiler von besonderer Einrichtung, die im Obertheile der Apparate angebracht und durch Transmissionseinrichtungen in drehender Bewegung erhalten werden. Der dritte (letzte) Skrubber in jeder Reihe wird mit reinem Wasser beschickt, welches als schwaches Ammoniakwasser unten abfliesst und zum zweiten aufgepumpt wird. In diesem wird es stärker mit Ammoniak angereichert und dann zum ersten Skrubber aufgepumpt, von dem es schliesslich als starkes Ammoniakwasser zur unterirdischen Cisterne (18 des Lageplans) abfliesst.

In den von den Skrubbern zu den Reinigern führenden Gasleitungen wird je ein Sicherheitstopf eingeschaltet, der das Gas selbstthätig entweichen lässt, falls der Gasdruck von den Reinigern über 75 cm Wassersäule steigen sollte. Das aus dem Topfe entweichende ungereinigte Gas wird zum Ausgleichbehälter der Wassergasanlage (22 des Lageplans) geführt und gemeinschaftlich mit dem Wassergase gereinigt.

In dem Reinigerhause (16 des Lageplans) sind zu beiden Seiten des die Rohrleitung mit den Wechselventilen enthaltenden Mittelgangs je 9, zusammen also 18 Reinigungskasten vorgesehen, von denen zunächst nur 12 ausgeführt werden, nämlich sechs auf jeder Seite für je 10 Oefen. Jeder dieser für eine grösste Tagesleistung von 45000 cbm Kohlengas bestimmten sechs Reinigerkasten hat eine Länge von 14,5 und eine Breite von 9,0 m, also eine Grundfläche von 130,5 qm. Würde man diese sechs Kasten in der üblichen Weise so schalten, dass das Gas zunächst vier Kasten (zwei auf jeder Seite) hinter einander und darauf die beiden letzten (einen auf jeder Seite) als Nachreiniger zu passiren hätte, so würde die besagte Grundfläche — in jedem Einzelkasten 2,9 qm für je 1000 cbm Tagesproduction betragend — als reichlich bemessen gelten dürfen. Indessen haben neuere Erfahrungen gezeigt, dass selbst so reichlich bemessene Kasten noch vortheilhafter ausgenutzt werden, wenn man je zwei derselben zu einem kuppelt und das Gas zwei solche Doppelkasten statt, wie gewöhnlich, vier Einzelkasten hintereinander passiren lässt, wobei allerdings zwei grosse Nachreiniger die Sicherheit geben müssen, dass das Gas zu keiner Zeit — auch nicht zeitweilig während der Neubeschickung eines der beiden Doppelkasten — weniger als drei Kasten hinter einander durchstreicht.

Die gusseisernen Reinigerkasten von 14,5 × 9,0 m werden durch je acht armirte Blechdeckel geschlossen, die auf den 30 cm breiten Rändern der Kastenwände und auf ebenso breiten Verbindungsstegen innerhalb dieser Ränder auflagern und mit Gummistreifen abdichten. Jede der auf diese Weise durch einen Deckel verschlossenen acht Oeffnungen der Kastenoberfläche misst nur etwa 13 qm, so dass die Deckel sehr leicht ausfallen.

Die Vortheile dieser Anordnung sind 1. ein bedeutend geringeres Gewicht der gusseisernen Kasten gegen solche mit Wasserschlusstassen; 2. ein verhältnissmässig noch grösseres Mindergewicht in den schmiedeeisernen Deckeln; 3. entsprechend der geringeren Gesammtlast eine Gewichtsersparniss in dem die Reiniger unterstützenden eisernen Unterbau; 4. eine leichtere Anordnung der zum Heben und Senken der Deckel nöthigen Hebevorrichtungen, die für das sehr grosse Gewicht von Wasserschlussdeckeln bei so grossen Reinigern so stark sein müssten, dass die aus Betriebsrücksichten zweckmässige Anordnung eines die Breite des ganzen Hauses beherrschenden Portalkrahns unthunlich sein und statt dessen mit erheblich grösseren Kosten die Anbringung von zwei Portal- oder Laufkrähnen sich ergeben würde; 5. der Wegfall der bei jeder Reinigeranlage mit Wasserschlüssen vorhandenen Gefahr, dass durch plötzliche in oder hinter den Reinigern auftretende Drucksteigerungen bedeutende Gasausströmungen und daraus unter Umständen Explosionen entstehen können, was bei Deckelverschlüssen mit trockenen Dichtungen ausgeschlossen ist.

Das aus Walzeisenträgern bestehende Gerüst, auf dem die Reinigerkasten aufgestellt werden, wird durch gusseiserne Säulen unterstützt. Der Raum unter den Kasten zuzüglich der beiden Schuppenanbauten zu beiden Seiten des Gebäudes dient zu Regeneriren und Lagern der Reinigungsmasse.

Die Entleerung der Kasten von auszuwechselnder Reinigungsmasse erfolgt durch Auslaufrohre im Boden, deren untere Oeffnungen, so lange der Reiniger im Betriebe ist, durch Deckel (nach Art der Retortendeckel) geschlossen sind.

Die Wiederfüllung der Kasten besorgt ein beide Kastenreihen überspannender und in der Länge des Hauses fahrbarer Portalkrahn mit Seilbetrieb. An jedem Ende der Krahnbrücke hängt ein mit dem Krahne fahrender Becherelevator, der die vom Boden eingeschaufelte Masse auf eine zwischen den Gitterträgern der Krahnbrücke liegende Förderrinne hebt, in der sie durch die an der Förderkette sitzenden Mitnehmerplatten weitergeschoben wird, und aus deren (durch Schieber verschliessbaren) Bodenöffnungen sie durch Trichterrohre in die darunter befindlichen Kasten hinabfällt.

Neben dieser Förderrinne und verbunden mit derselben liegt die Hängebahn einer Laufkatze, mit der die Deckel, sowie die hölzernen Horden der Kasten etc. gehoben, zur Seite gefahren und gesenkt werden können.

Eine Dampfmaschine von 15 PS zum Antrieb dieses Krahns wird in einer dem Pumpenraume 35 gegenüberliegenden Abtheilung des südlichen Schuppenraums aufgestellt.

Das auf dem Lageplan mit 24 bezeichnete Gebäude enthält 11 Reiniger, die sämmtlich auf der alten Gasanstalt vorhanden sind und demnächst nach der neuen überführt werden sollen. Acht dieser Reiniger sind in zwei Gruppen von je vier für Wassergas, und drei kleinere in einer Reihe für das Versuchsgas angeordnet. Zu beiden Seiten des Gebäudes sind angebaute Schuppen für die Regenerirung der Reinigungsmasse vorgesehen.

Das Gasmessergebäude (19 des Lageplans) bietet Raum zur Aufstellung: 1. von drei neuen Gasmessern für das Kohlengas von je zehn Oefen (2000 cbm stündlich), von denen zunächst nur zwei auszuführen sind; 2. von zwei auf der alten Anstalt freiwerdenden Gasmessern für die Wassergasproduction (830 cbm stündlich); und 3. von einem gleichfalls auf der alten Anstalt vorhandenen Gasmesser für das Kohlengas eines Versuchsofens (400 cbm stündlich).

Der unterirdische Sammelbehälter für Theer- und Ammonikwasser (18 des Lageplans), dem die in sämmtlichen Apparaten und Leitungen aus dem Kohlengase sich ausscheidenden Flüssigkeiten zugeführt werden, ist aus Stampfbeton mit Monierdecke vorgesehen. Der Fassungaraum der in zwei Abtheilungen geschiedenen Cisterne ist für 600 cbm Theer und 1400 cbm Ammoniakwasser bemessen, genügend, um bei 30 Oefen die dreissigfache Production des stärksten Betriebstags, also erheblich mehr als die ganze Decemberproduktion, aufnehmen zu können. Für die künftige Hinzufügung einer zweiten gleich grossen Cisterne (für weitere 30 Oefen) ist der Bauplatz vorgesehen.

Das für die Verarbeitung des Ammonikwassers dienende Gebäude (28 des Lageplans) ist in unmittelbarer Nähe eines Bahngleises angeordnet, sodass den auf letzterem vorfahrenden Kesselwagen das concentrirte Ammonikwasser auf dem kürzesten Wege zugeführt werden kann. Das Gebäude ist für die Aufnahme von vier Destillationscolonnen bemessen, von denen zunächst ein neuer Apparat zur täglichen Verarbeitung von 40 cbm Wasser und ein zweiter auf der alten

Anstalt vorhandener für 20 cbm täglich aufzustellen sind. Auch von zwei Hochbehältern für rohes Ammonikwasser ist zunächst nur einer, und von den Kesselbehältern ein neuer und zwei vorhandene anzulegen. Hinter dem Gebäude sind unterirdische Klärgruben für das abfliessende Wasser angeordnet, in denen das von der Destillation zurückbleibende ammoniakfreie Abwasser mit Kalk behandelt wird, sodass es völlig geklärt in den Abzugskanal der Fabrik geleitet werden kann. Die Gruben sind theils mit Bohlen abgedeckt, theils mit Kappen überwölbt, in denen Einsteigeöffnungen vorgesehen sind. Diese Gewölbkappen sind stark genug, dass auf denselben, falls in Zukunft statt der jetzigen Herstellung von concentrirtem Ammoniakwasser die Fabrikation von schwefelsaurem Ammoniak sich als vortheilhafter erweisen sollte, Reinigungskasten mit Eisenoxydfüllung aufgestellt werden können. Der Raum für die zu diesem Fabrikationsbetriebe nöthigen Apparate würde durch einen vor dem Hauptgebäude herzustellenden niedrigeren Vorbau mit Pultdach gewonnen werden können.

Das Theerbehandlungsgebäude (17 des Lageplans) liegt mit seiner Rückseite unmittelbar an dem vor dem Reinigergebäude vorüberführenden Bahngleise und mit seiner Vorderseite nahe der Fabrikstrasse, sodass sowohl die Abfuhr verkauften Theers in Kesselwagen als die Verladung in Fässern mit Fuhrwerk in bequemer Weise erfolgen kann. Das ganze Gebäude ist aus Eisenfachwerk vorgesehen. Ein innerer, mit geschlossenen Wänden umgebener, und in seinem mittleren Theile hochgeführter Raum ist zur Aufstellung von vier Centrifugen mit zwei Dampfmaschinen bestimmt, von denen zunächst zwei Centrifugen (eine neue und eine vorhandene) mit einer vorhandenen Dampfmaschine angebracht werden. Dahinter (in demselben Raume) finden unter einem Bohlenfussboden zwei vom alten Gaswerke zu übernehmende Behälter für Rohtheer von je $8^1/_2$ cbm Inhalt Platz, während im Obertheile des Gebäudes zwei ebenfalls vorhandene Hochbehälter für entwässerten Theer von je 9 cbm Inhalt aufgestellt werden. Aus letzterem läuft der abzunehmende Theer direct in Kesselwagen oder in Fässer. Zur Füllung der letzteren sind in dem das innere Gebäude nicht völlig umschliessenden überdachten, aber sonst offenen Gange sechs Füllstellen angeordnet, mit einer durch Eisengitter überdeckten gemauerten Rinne, aus der überlaufender Theer in die unter dem Fussboden liegenden Behälter zurückfliesst.

Die aus dem Gasmessergebäude (19 des Lageplans) das Kohlengas von 30 Oefen führende 80 cm weite Leitung schliesst sowohl an das Eingangs- wie an das Ausgangsrohr des grossen Gasbehälters (21 des Lageplans) an. Derselbe ist dreifach und besteht aus einer inneren Glocke von 42,5 m, einem mittleren Aufzuge von 43,3 m und einem äussern Aufzuge von 44,1 m Durchmesser, das Ganze enthalten in einem schmiedeeisernen, frei über Terrain stehenden Wasserbehälter von 45 m Durchmesser und 8,4 m Tiefe.

Der Gasinhalt des Behälters beträgt 34200 cbm, sodass zuzüglich der auf der alten Gasanstalt verbleibenden beiden Behälter ein Gasbehälterraum von 48000 bis 50000 cbm vorhanden sein wird. Sobald dereinst die grösste Tagesabgabe von Gas sich 100000 cbm nähert, wird auch der Bau eines weiteren neuen Gasbehälters in Angriff genommen werden müssen.

Aus dem grossen Gasbehälter muss das Gas zur Versorgung des Rohrnetzes nach der alten Gasanstalt überführt werden. Die hierzu dienende 65 cm weite Rohrleitung geht, wie auf dem Lageplane ersichtlich, vom Areale des neuen Gaswerks, die neue Zufahrtstrasse kreuzend, zunächst bis zum Böschungsfusse der sich an den Oldenburger Bahndamm lehnenden Aufschüttung, unter der sie in einem 68 m langen Tunnel und in dessen Verlängerung unter dem Oldenburger Bahndamm auf weitere 18 m in einem vorhandenen ehemaligen Durchlass durchgeführt wird, von dessen Ende dann die in diesen Tunnels freiliegende Leitung wieder in die Erde übergeht.

Die Leitung geht dann durch die südliche Vorstadt und die Neustadt bis zur Weser, zu deren Ueberschreitung unter der Kaiserbrücke gleich zwei Leitungen von 65 cm, eine unter jedem Fusssteige, aufgehängt werden, damit bei einer künftigen Verdoppelung der ganzen Leitung die etwas umständliche Unterführungsarbeit nicht wiederholt zu werden braucht. Von der Kaiserbrücke wird dann die Leitung auf dem kürzesten Wege bis auf den Platz der alten Gasanstalt geführt, wo sie an die Gasbehälterleitungen anschliesst. Die ganze Länge der Leitung beträgt etwa 3,8 km.

Da der Ueberdruck des neuen Gasbehälters gegen den Druck der alten bei weitem nicht ausreicht, um die Gasproduction des neuen Werks überzuführen, so ist hierzu auf letzterem ein Hochdruck-Exhaustor nothwendig, für dessen Aufstellung das Exhaustorhaus 20 dient. Der Betriebssicherheit wegen sind gleich zwei Exhaustoren für je 6000 cbm Stundenleistung mit zwei Dampfmaschinen aufzustellen, während Raum für einen zukünftigen dritten vorgesehen ist. Auch werden in demselben Hause drei von der Gasanstalt zu übernehmende Exhaustoren mit zugehörigen zwei Dampfmaschinen untergebracht. Zwei davon haben das Wassergas und der dritte hat das Versuchs-Kohlengas aus den betreffenden kleinen Behältern (22 und 23) zu saugen und in den grossen Behälter überzudrücken.

Auch auf dem Platze der alten Gasanstalt ist, um den neuen Gasbehälter in Woltmershausen schon bei dem jetzigen Fabrikationsbetriebe benutzen zu können, die zeitweilige Anlage eines Exhaustors mit Dampfmaschine erforderlich. Denn wie in Zukunft das in Woltmershausen producirte Gas nicht ohne Exhaustorbetrieb zu den alten Gasbehältern gelangen kann, so ist dies auch auf dem umgekehrten Wege nicht möglich, so dass nur mit einer solchen Hülfsanlage der neue Gasbehälter mit dem auf der alten Anstalt producirten Gase gefüllt werden kann. Das auf letzterer zu diesem Zwecke zu erbauende Haus ist so angeordnet, dass es, wenn der Fabrikationsbetrieb eingestellt wird und damit die zeitweilige Exhaustoranlage wegfällt, als Regulatorhaus auch in Zukunft benutzt werden kann.

Zwischen der von der Woltmershauser Allee abzweigenden Zufahrtstrasse des neuen Gaswerks und dem Oldenburger Bahndamm lehnt sich an letztern die Aufschüttung für die bremischen Hochbahngleise, die theils den Zwecken der Häfen- und Eisenbahnen dienen, theils bis zur Höhe von + 6,72 m ansteigend in den Kohlenschuppen des Gaswerks führen. Gegen Süden verbreitert sich diese Aufschüttung zu einem grossen Lagerplatze, und wo der Damm von dem oben beschriebenen Rohrtunnel gekreuzt wird, zweigt von dem darüber liegenden Hochbahngleise ein sich auf einer Rampe zur Platzhöhe von + 1,50 m senkendes Gleis ab, an welches sich ein die Zu- und Abfuhr für sämmtliche Gebäude vermittelndes Gleisnetz mit sechs Drehscheiben anschliesst.

In den Hochbahngleisen sind vier (auf dem Lageplan mit 30 bezeichnete) Waagen eingeschaltet, und in der Niveaubahn (beim Electricitätswerke 11) eine solche für die auf der Bahn ausgehenden Nebenproducte. Für die Abfuhr der letzteren mit Fuhrwerk ist ausserdem eine Centesimalwaage bei 31 angeordnet, unmittelbar am Einfahrtsthore der Fabrik, sodass das Waagehäuschen zugleich dem Pförtner als Unterstandsraum dient. Auf dem Damme der Hochbahnen ist, nahe der südöstlichen Ecke des Areals, ein mit 36 bezeichneter Lokomotivschuppen für zwei Lokomotiven vorgesehen.

Das für die Zwecke des Betriebes nothwendige Wasser wird durch eine Pumpe, die in einem schon oben erwähnten niedrigen Anbau des Luftkühlerhauses (35 des Lageplans) steht, dem in unmittelbarer Nähe (34) befindlichen Brunnen entnommen und in die im Skrubberhause (15) angeordneten Hochbehälter gefördert, aus denen es durch die Vertheilungsleitungen zu den Verbrauchsstellen fliesst. Ausserdem ist eine vom Rohrnetze des städtischen Wasserwerks in der Woltmershauser Allee abzweigende Wasserleitung vorgesehen, die das Trinkwasser liefert. Durch diese kann auch bei Oeffnung eines Absperrschiebers das ganze Vertheilungsnetz, falls der Brunnen oder die Pumpe oder der Hochbehälter zeitweilig ausser Betrieb gesetzt werden müsste, mit Weserleitungswasser versorgt werden.

Als Zubehör der Fabrikanlage sind noch folgende Gebäude zu nennen: das Werkstättengebäude (37 des Lageplans), der Lagerschuppen (27), das Gebäude für die Betriebsleitung und den Productenverkauf (25) und Dienstwohnungen für einen Theil des Betriebspersonals (26).

Salzenberg.

Gaswerk Cassel.

Mit Tafel V.

Das Gaswerk, im Jahre 1894 für eine grösste Tagesleistung von 50000 cbm erbaut, liegt nahe dem Bahnhof Bettenhausen, mit dem es durch einen doppelten Gleisstrang (jeder mit Centesimalwaage *W* für 25 t) verbunden ist. Eine kurze Beschreibung an der Hand des Lageplanes möge hier folgen.

Im Kohlenschuppen *A* von 65 × 24 qm Grundfläche können die Kohlen zu beiden Seiten des Gleises in zwei Stockwerken je 2,5 m hoch aufgestapelt werden. Links von der Einfahrt befindet sich ein Brechwerk *a* und zwei Becherwerke *b* von je 100 t Förderleistung bei 8stündigem Betrieb, welche in Verbindung mit einer Transportkette *c* die zerkleinerte Kohle zu zwei hoch gelegenen Kohlenbehältern von je 120 t Inhalt in den Ecken des Ofenhauses *B* befördern. Der Antrieb erfolgt mittels Gasmotor (16 PS.) bezw. Reservedampfmaschine vom Maschinenhause *Q* aus. Füllkasten von je Retorteninhalt (Patent Riegel) bringen mittels einer an den (Coze-)Oefen entlanglaufenden Hängebahn die Kohlen von den Behältern zu den (153) Retorten. Diese sind auf drei Ofenblöcke *e* mit 2 × 6 + 1 × 5 = 17 Neuneröfen nach Hasse-Didier vertheilt. Die geneigten Retorten sind in den beiden älteren Blöcken 3,5 m, in dem neuesten 4 m lang. Die Coke aus ersteren fällt zur Zeit noch in Gleiskarren im Untergeschoss, die sie über den Dampffahrstuhl *x* zum Cokeschuppen *C* bringen; der neueste Block entladet in eine Cokeschlepprinne (Patent Brouwer) *g* mit Gasmotorantrieb *h*, welche die Coke aus verschiedenen Klappen nach Belieben auf den Cokeschuppen, in Eisenbahn- oder Landfuhrwerk schafft. Der später zu erbauende Ofenblock *f* erhält ebenfalls solche Rinnen. Jeder Ofenblock hat seinen eigenen Rauchkanal und Schornstein (31 m).

Der Cokeschuppen *C* hat 65 × 20 qm Grundfläche, ist ebenfalls zweistöckig und im Obergeschoss mit einer an den Fahrstuhl *x* anschliessenden Gleisanlage versehen; im Untergeschoss wird der Cokestaub mittels einer Presse von Klempt & Bonnet in Bricketts umgewandelt. Am Schuppen entlang fahrbar ist eine Cokebrech-, Sieb- und -Ladevorrichtung mit Gasmotor aufgestellt.

An das Ofenhaus sind noch angebaut ein Laboratorium *R* mit Photometerkammer, ein Bad *S*, ein Zimmer für die Ofenhausarbeiter *T*, ein Lager für die Miethgaskocher *U* und eine Abortanlage *V*.

Das Gas geht von den Oefen, deren jeder seine besondere Theervorlage hat, durch zwei Sammelrohre von 400 mm l. W. entlang den Wänden nach dem Giebel des Ofenhauses, wo Ammoniak und Theer in einen mit den entsprechenden Gruben durch Rohrleitung verbundenen Sammeltopf abfliessen, und dann durch ein Rohr von 650 mm l. W. nach dem Apparatenhaus *D*, in dem wieder zwei Rohre von 400 mm l. W. abzweigen, entsprechend zwei Gruppen von Apparaten, deren jeder durch Umgang ausschaltbar ist; jede Gruppe enthält zwei Wasserkühler *i* mit senkrechten Rohren, zwei Reuther-Kühler *k*, einen Theerscheider nach Pelouze-Audouin *l*, einen Gassauger *m*, einen Dessauer Umlaufregler, einen Ledig'schen Etagenwascher *n*; ein dritter Sauger dient zur Unterstützung und Aushilfe. Ein von der Transmissionswelle des Ledig'schen Waschers angetriebener Aspirationsgasmesser bringt bis zu 2 % Luft in die Gasleitung vor den Kühlern. Mehrere Sammeltöpfe im Keller dienen zur Aufnahme von Theer und Ammoniak aus Apparaten und Rohren und entleeren sich nach den vor dem Gebäude liegenden Gruben *F*. Aus diesen und dem benachbarten Brunnen *q* werden die Nebenproducte und Reinwasser nach drei im Thurm *E* übereinanderangeordneten Hochbehältern mittels der Pumpenanlage *p* geschafft, welche in gemeinsamem Raum mit einer Dynamomaschine *o* für Beleuchtung des Hofes und mehrerer Räume Gasmotorenantrieb hat. Eine Durchfahrt trennt den Pumpen- und Dynamoraum vom Kesselhaus *G*, das zwei Stück Zweiflammrohrkessel von je 50 qm Heizfläche und 8 Atm. Ueberdruck und ausserdem in dem für die Erweiterung bestimmten Theil einen Feldmann'schen Apparat zur Ammoniakverdichtung enthält.

Nach Durchgang durch diese Apparate geht das Gas zu den Reinigern *H*, welche wieder in zwei Gruppen von je vier Stück zu je 36 qm in getrennten Räumen angeordnet sind, deren jede einen Masseaufbereitungsraum *I* von 35 × 9 qm besitzt. Den Transport der Masse vermittelt je eine Hängebahn, welche auch mit dem zum Heben der Kastendeckel dienenden Laufkrahn verbunden ist. Jede Gruppe besitzt einen luftdicht von ihr abgeschlossenen Weck'schen Wechsler.

Von da gelangt das Gas zum Uhren- und Reglerhaus nach zwei Gasmessern für je 25000 cbm Tagesleistung und nach Durchgang durch die beiden einfach telescopirten Gasbehälter *L* von je 14000 cbm Inhalt an die zwei Stadtdruckregler (mit Wasserbelastung) und endlich durch zwei Hauptrohre von je 650 mm l. W. zum Stadtrohrnetz.

An Gebäuden sind noch zu erwähnen: Schmiede, Schlosserei, Installations- und Laternenwerkstätte *M*, das Lagerhaus *N* mit den Werkmeisterzimmern, Arbeiteraufenthaltsraum und Maschinistenwohnung, das Pförtnerhaus *O* mit Cokeverkauf nebst zugehöriger Waage, Gasmeister- und Pförtnerwohnung. Daran schliesst sich bis zum Einfahrtgleis das Rohrlager *X* an. Den Verkehr mit dem Bahnhof und auf der Gleisanlage des Gaswerks vermittelt eine Heisswasserlocomotive (Lamm-Francq) von »Hohenzollern« in Düsseldorf; dieselbe ist in dem durch Dampfleitung mit dem Kesselhaus verbundenen Locomotivschuppen *P* stationirt.

Der zwischen Cokeschuppen und Apparatenhaus gelegene Hofraum *Y* ist für den Bau einer Wassergasanstalt von 30000 cbm Tagesleistung vorgesehen; eine Erweiterung des Gaswerkes um eine Höchsttagesleistung von 100000 cbm deutet die punktirt gezeichnete Anlage *Z* an.

Das Geschäftshaus mit der Dienstwohnung liegt von dem Gaswerk getrennt.

Merz.

Neues Gaswerk Coblenz.

(Mit Tafel VI.)

Das Gaswerk ist bestimmt für eine jährliche Production von 6 000 000 cbm. Das zur Verfügung gestellte Grundstück ist ca. 24 000 qm gross und ergibt also eine Fläche von rund 4000 qm pro 1 000 000 cbm Jahresproduction.

Hinter der Anschlussweiche sind 2 Gleise angelegt, das eine für die einzustellenden, das andere für die abzuführenden Wagen. Die Kohlenwagen werden zur Entladung im Kohlenraume aufgestellt. Dieser Kohlenraum stösst an das Retortenhaus, vor welchem der Cokeplatz liegt, von dem aus die Cokeverladung auf dem Anfuhrgleise erfolgt.

Die Retortenöfen sind in 2 Gebäuden vertheilt, welche durch einen Zwischenbau getrennt sind. Jedes Retortenhaus enthält 8 Oefen mit je 9 Retorten, also 72 Retorten.

Als Ofensystem ist das von Coze mit schrägliegenden Retorten gewählt. Zwischen den beiden Retortenhäusern ist ein Maschinenraum mit 3 Gasmaschinen projectirt, von denen eine für ein jedes Retortenhaus und die dritte als Reserve dienen soll. Für jedes Haus ist nämlich ein Kohlenbrecher und ein Elevator, die beide in einem Schacht im Kohlenraum aufgestellt sind, zu bewegen, und ferner ist ein Vertheiler für die Kohlen in die Kohlenkästen parallel der Richtung der Ofenreihen in Bewegung zu setzen.

Die Sohle des Kohlenraumes liegt 3,5 m tiefer als das Gleis.

Zwischen den beiden Retortenhäusern liegt vor dem Maschinenraum ein Raum für den Meister und noch ein Arbeiterraum. Jedes Retortenhaus hat einen gemeinschaftlichen Kamin für die betr. Oefen. Von jedem der Retortenhäuser geht eine besondere Leitung zum Condensator- und Scrubberraum. Hier befinden sich 2 Batterien von Condensatoren, eine jede für 15 000 cbm pro Tag und 3 Batterien von Scrubbern, eine jede für 10 000 cbm pro Tag. Das Gas tritt hinter den Condensatoren durch 2 Leitungen an den Längswänden in den Raum für die 4 Exhaustoren ein, von denen jeder für 500 cbm Stundendurchgang, und davon einer als Reserve aufgestellt, angenommen ist. Dieselben arbeiten in ein gemeinschaftliches Ausgangsrohr, das sich in 3 Abtheilungen für 3 Theerscheider — jeder für 12 000 cbm Durchgang pro Tag — theilt, von denen je ein Ausgangsrohr den Eingang für eine Scrubberbatterie bildet. Hinter einer jeden der letzteren wird das Gas durch eine besondere Leitung nach dem Reinigergebäude übergeführt.

Unter dem Condensator und Scrubberraum und unter der Ammoniakfabrik ist je eine Cisterne für Theer und Ammoniak angelegt.

In dem Reinigerhause sind 3 Sectionen von Reinigern, jede aus 4 Kästen mit 5 Ventilen bestehend, in einer Reihe mit den Längsseiten gegeneinander gekehrt, aufgestellt. An der einen Kopfseite der Kästen ist je eine Ausfahrt für jeden Kasten in dem anstossenden Regenerirraum angebracht.

In dem Messer- und Regulatorhause sind 3 Stationsgasmesser, je einer für jede Reinigerabtheilung angeordnet. Hinter den Messern vereinigt sich dann das Gas, welches nach dem Exhaustorausgange stets in 3 Theilen getrennt war, so dass die Grösse des Durchgangs für jede Abtheilung durch die Messer controllirt ist. Ausserdem haben 2 Regulatoren mit entsprechendem Umgange hier Platz gefunden. Die 3 Gasbehälter sind einfache Telescopbehälter und hat jeder einen Nutzinhalt von 8000 cbm.

Die Bassins sind in Beton ausgeführt und haben einen Durchmesser von 28,4 m und eine Tiefe von 7,10 m.

Bentzen.

Das Kopenhagener Oestre-Gaswerk.

(Mit Tafel VII.)

Das Oestre(östliche)-Gaswerk nimmt ein Areal von ca. 140136 qm ein. Es wurde in den Jahren 1876—78 für eine Production von 35700 cbm Gas in 24 Stunden angelegt. Nach verschiedenen Erweiterungen in den verflossenen Jahren ist dessen gegenwärtige Production ca. 114300 cbm Gas in 24 Stunden. Ferner wird in diesem Jahre ein Wassergaswerk nach Humphreys & Glasgow's System für eine Production von 71400 cbm carburirten Gases aufgeführt.

Die Kohlen werden dem Gaswerk aus dem Nord-Freihafen auf einem normalspurigen Eisenbahngleise (*a* auf Tafel VII) zugeführt, dessen ganze Länge 1350 m ist. Vom Freihafen nach der Südgrenze des Gaswerks liegt das Eisenbahngleise im Niveau mit dem umliegenden Terrain; von der Südgrenze nach der Curve an der Nordseite des Areals des Gaswerks steigt das Gleise mit 1 : 35 bis auf eine Höhe von 10,6 m über das Terrain und läuft dann horizontal parallel mit den Ostgiebeln der 4 Kohlenschuppen.

Die Kohlen werden aus den Schiffen mittels zwei auf dem Hafenquai aufgestellter Hunt'scher Kohlenkrahne entladen, die mit sogenannten »Graps« versehen sind, jeder 1 t Kohlen fassend. Aus dem Krahne laufen die Kohlen in einen unten befindlichen Wagenzug hinunter, bestehend aus 5 besonders construirten Kohlenwaggons mit bewegbaren Bodenklappen, und werden von einer 23 t-Locomotive gezogen. Jeder Waggon fasst ca. 6 t Kohlen, somit transportirt zur Zeit ein Wagenzug ca. 30 t Kohlen. Es werden im Ganzen zwei solche Wagenzüge benutzt, so dass ca. 60 t Kohlen pro Stunde transportirt werden können. Durch die Bodenklappen der Kohlenwagen werden die Kohlen in »Hoppers« hinuntergestürzt, die unter der Hochbahn längs den Giebeln der Kohlenhäuser angebracht sind; aus diesen Behältern gehen die Kohlen weiter in unten befindlichen Hunt'schen automatischen Kohlenwagen, die die Kohlen in die Kohlenhäuser auf dort vorhandenen Längsgleisen hineintransportiren, wo dieselben automatisch abgekippt werden. Von solchen Längsgleisen finden sich in den beiden älteren Kohlenhäusern *b* 3 Gleise in jedem Haus vor, während sich in den beiden neuen Kohlenhäusern *c*, die etwas breiter sind, 5 Gleise in jedem Hause befinden.

Die beiden älteren Kohlenhäuser können jedes ca. 9000 t Kohlen fassen, während jedes der beiden neuen Kohlenhäuser ca. 12000 t fassen kann. Im westlichen Ende der Kohlenhäuser findet sich ein von »West's Gas Improvement Co. Limited« aufgestellter Kohlenbrecher nebst zugehörendem Elevator und Conveyer, der die Kohlen, nachdem sie gebrochen sind, in die Retortenhäuser nach einem oberhalb jeder Abteilung angebrachten grösseren Kohlenbehälter hinauftransportirt, von wo die Kohlen in die unten stehenden Lademaschinen wieder hineingeführt werden.

In den Retortenhäusern *d* und *e* finden sich in jedem 4 Ofenblöcke à 10 Oefen. Im älteren Retortenhaus *d* sind 7 ovale Retorten in jedem Ofen, im Ganzen 280 Retorten, jede 510 mm $\times$ 430 mm $\times$ 3010 mm, womit 51000 cbm Gas pro 24 Stunden producirt werden können. Im neuen Retortenhaus *e* finden sich 8 D-förmige Retorten in jedem Ofen vor, im Ganzen 320 Retorten, jede 559 mm × 406 mm × 3010 mm, womit ca. 57 000 cbm Gas pro 24 Stunden producirt werden können. Zum Ziehen und Laden wird »West's Gas Improvement Co. Limited« Handmaschine benutzt.

Nachdem die Coke aus den Retorten hinaus gezogen ist, wird sie sofort in den Retortenhäusern halb gelöscht und hierauf auf einen vor jedem Retortenhaus angelegten Löschplatz hinausgefahren, wo sie vollständig gelöscht wird. Dann wird sie auf Kippwagen von 1 cbm geladen, welche auf einen hydraulischen Elevator gefahren werden; dieser hebt die Wagen auf eine hochliegende Bahn empor, die entweder nach dem Cokebrechwerk führt, wo die Coke gebrochen und sortirt wird, insofern dies erwünscht ist, oder nach den Lagerplätzen, die sich an jeder Seite des Cokebrechwerks befinden.

In jedem der beiden Cokebrechhäuser *x* und *y* sind zwei Brechwerke vorhanden, wo die Coke auf verschiedene Korngrösse gebrochen, gemessen und automatisch in darunter stehende Wagen gefüllt wird. Mit jedem der Brechwerke können ca. 16 000 kg pro Stunde gebrochen werden.

Zum Transport der für das im Bau befindliche Wassergaswerk nothwendigen Coke wird ein schmalspuriges Transportgleis von den Cokeniederlagen und dem Löschplatze am Retortenhaus *e* nach einem Abladeplatz vor dem Wassergaswerk angelegt. Auf diesem Geleise soll ein Wagenzug von 5—6 Kippwagen von je 1 cbm laufen.

Vom Abladeplatz am Wassergaswerk wird die Coke auf besonderen Wagen auf einen hydraulischen Elevator geführt, welcher dieselbe auf den Fussboden im Ofenraum emporhebt, wo sie benutzt werden soll.

Auf dem Gaswerk werden englische Kohlen gebraucht.

Die Jahresproduction war im Jahre 1898 ca. 20,3 Millionen cbm und der Maximalverbrauch ca. 100 000 cbm.

Im Kühlergebäude *f* finden sich 5 Colonnen à 4 Stück Wasserrohrcondensatoren vor, aus diesen werden der Theer und das Ammoniakwasser nach dem Theerbassin *g* geleitet, aus dem jedes der beiden in sein besonderes Bassin fliesst. Der rohe Theer wird von einer besonderen Pumpe in die Theercentrifugen *h* hinübergepumpt, wo der letzte Rest des Ammoniakwassers aus dem Theer entfernt wird. Der so centrifugirte Theer wird demnächst in den Behälter *i* hinaufgepumpt, von wo aus derselbe in Fässer abgezapft wird, während der rohe Theer in den Behälter »*j*« hinaufgepumpt wird, von wo aus derselbe in Fässer gefüllt werden kann.

Im Maschinengebäude *k* sind im Kesselraum 3 Cornwall- und 1 Lancashire Dampfkessel installirt mit im Ganzen ca. 170 qm Heizfläche, während sich im Maschinenraume 4 Bryan-Donkin'sche Gas-Exhaustoren nebst zugehörenden Dampfmaschinen vorfinden. Zwei dieser Exhaustoren können jeder 4 250 cbm Gas pro Stunde pumpen und hat jeder eine besondere Dampfmaschine, während die beiden anderen Exhaustoren, die jeder 2 270 cbm Gas pro Stunde pumpen können, von einer gemeinschaftlichen Dampfmaschine getrieben werden; jeder dieser Exhaustoren kann von der Dampfmaschine abgekuppelt werden. Ferner sind zwei kleine Luftexhaustoren nebst zugehörenden Dampfmaschinen vorhanden, die jeder ca. 140 cbm Luft pro Stunde pumpen können. (Dem Gas wird ca. 4% Luft zugesetzt.) Schliesslich finden sich noch 2 Hochdruckmaschinen von 15 Pferdekräften vor, die theils 8 verschiedene Maschinenpumpen für kaltes Wasser, Ammoniakwasser und Speisewasser für die Dampfkessel, theils die Transmissionen für die neben dem Maschinenraum gelegene Maschinen- und Schmiede-Werkstatt betreiben.

Im Wäschergebäude l sind 3 Audouin und Pelouze-Scrubber und 2 rotirende Kirkham-Wäscher aufgestellt; jeder derselben kann ca. 3700 cbm pro Stunde bewältigen. In einem Nebengebäude finden sich ein Laboratorium und ein Apparatraum vor.

Westlich von diesem Gebäude liegt die Ammoniakfabrik m, worin zwei Ammoniakapparate aufgestellt sind.

Im älteren Reinigerhause n sind sechs Reiniger, jeder 6,1 × 5,2 × 1,5 m hoch. Zum Heben der Deckel sind zwei fahrbare hydraulische Krahne angebracht. Im neuen Reinigerhause o befinden sich vier Reiniger, jeder zu 11,7 × 8,7 × 1,7 m. Zum Heben der Deckel der Reinigungsgefässe dienen, wie im ersten Reinigerhause, zwei fahrbare hydraulische Krahne. Während im älteren Reinigerhause n ein Centralventilwechsler zum Wechseln der vier Reiniger benutzt wird, sind im neueren Reinigerhause o hydraulische Ventile für Ein- und Ausgang aus den Reinigern angewandt.

Zwischen beiden Reinigerhäusern ist ein zweistöckiges Regenerationsgebäude p aufgeführt, und wird das Erdgeschoss für die Reinigungsmasse aus dem Reinigerhause n benutzt, während das zweite Stockwerk, das mit dem Fussboden im Reinigerhause o in einer Ebene ist, zur Reinigungsmasse aus diesem Reinigerhause angewandt wird.

Im Uhren- und Reglerhaus q sind zwei Stationsmesser, jeder für ca. 3700 cbm Gas pro Stunde, und zwei Gasregulatoren vorhanden; ausserdem zwei Photometerräume zum Messen der Lichtstärke. Aus dem Messerhause führt eine 760 mm und 910 mm Leitung das fertige Gas nach der Stadt.

An Gasbehältern sind drei mit einem Behälterraum von im Ganzen 85000 cbm vorhanden. Der erste Behälter r, 11400 cbm fassend, hat ein Bassin von 37,16 m Durchmesser und 11,62 m Tiefe, während die Glocke selbst einen Durchmesser von 36,36 m und eine Höhe von 11,0 m hat. Der zweite Behälter r_2, der einen Inhalt von 17000 cbm Gas hat, ist mit einem Gebäude von einem Durchmesser = 45,18 m und einer Höhe bis zum Gipfel der Laterne am Kuppeldach = 26,9 m überbaut. Das Bassin hat denselben Durchmesser wie das Gebäude und ist ca. 6,9 m tief. Der Behälter ist telescopirt; die Glocke hat einen Durchmesser von 41,5 m, eine Höhe von 6,48 m und eine Kuppelhöhe von 3,4 m, während der äussere Mantel einen Durchmesser von 42,47 m und eine Höhe von 6,6 m hat.

Der dritte Behälter r_3 hat einen Inhalt von 57100 cbm. Der Durchmesser des Bassins ist 53,25 m, seine Tiefe = 9,14 m; der Behälter ist zweifach telescopirt; die Glocke hat einen Durchmesser von 50,92 m, eine Höhe von 9,14 m mit einer Kuppelhöhe von 2,74 m; der erste Mantel hat einen Durchmesser von 51,6 m, eine Höhe von 9,14 m; der äusserste Mantel hat einen Durchmesser von 52,35 m und eine Höhe von 9,14 m.

Zwischen den Behältern 1 und 3 ist im Gebäude s ein Dampfkessel mit einer Heizfläche = 16,9 qm angebracht, welcher Dampf zur Heizung der Behälter 1 und 3 liefert.

Neben diesen Gebäuden ist eine kleine Versuchsgasanstalt, Probengaswerk t gebaut, worin Untersuchungen und Proben der dem Gaswerk gelieferten Kohlen vorgenommen und auch die Lichtstärke und der Heizwerth des daraus erzeugten Gases untersucht werden.

An der Nordseite des Ausfahrtswegs des Gaswerks ist ein kleines Spritzenhaus u gelegen, enthaltend verschiedene Spritzen und Feuerlöschungsapparate, während an jeder Seite des Thorwegs selbst zwei Verwaltungsgebäude v_1 und v_2 aufgeführt sind.

Petersen.

Das II. Gaswerk in Lübeck.

(Mit Tafel VIII.)

Das in den Jahren 1893 und 1894 erbaute Gaswerk wurde nach den Plänen des damaligen Directors der Gas- und Elektricitätswerke, Herrn Burgmann, zur Ausführung gebracht; es nimmt einen Flächenraum von 56950 qm ein und grenzt im Norden an den Elbe-Trave-Kanal. Der schlechte Baugrund besteht aus wasserhaltigem Treibsand und liegt das Grundwasser 1,25 m unter Terrain.

Das vollständig ausgebaute Werk vermag 50000 cbm Gas in 24 Stunden zu liefern. Die vorerst eingeschränkte Leistung beträgt 12500 cbm. Der Ausbau soll in drei weiteren Bauperioden für die Apparate und in einer weiteren Periode für die Gebäude zur Ausführung kommen.

Die vier Apparatensysteme des vollständig ausgebauten Gaswerks können, ganz nach Belieben, zusammen oder getrennt von einander arbeiten. Eine solche Anordnung bietet den überaus wichtigen Vortheil einer grossen Betriebssicherheit.

Bei der Gruppirung der Gebäude und Apparate waren folgende Gesichtspunkte leitend: Die Fabrikanlage soll zweckmässig, leicht erweiterungsfähig, übersichtlich und mit minimalen Arbeitskräften zu betreiben sein. Diese Erwägungen haben die Lage des Kohlenschuppens und des Ofenhauses bestimmt; es ist hierbei Bedacht darauf genommen worden, dass die Kohlen sowohl auf dem Wasserwege als auch per Eisenbahn ohne Schwierigkeiten herangeschafft werden können.

1. Kohlenschuppen. Der Kohlenschuppen, der unmittelbar mit dem Ofenhause durch zwei hydraulische Kohlenaufzüge verbunden ist, ist so gross bemessen, dass in demselben fast der ganze Jahresbedarf an Kohlen für die maximale Tagesleistung von 12500 cbm gelagert werden kann. Die Kohlen werden vorläufig auf dem Wasserwege bezogen und mittels hydraulischen Krahnes gelöscht. Der Transport der Kohlen von der Löschstelle nach dem Schuppen erfolgt auf einer Hochbahnanlage, welche im Schuppen drei Längsgleise und ein Quergleis enthält und ein bequemes Abstürzen der Kohlen gestattet.

Die Normalspurgleise im Kohlenschuppen sind so hoch gelegt, dass der späteren Einführung eines Zuführungsgleises — von der Lübeck-Büchener Eisenbahn — keine Schwierigkeiten entgegenstehen.

2. Ofenhaus. Das Ofenhaus ist für 16 Generatoröfen à 9 Retorten eingerichtet. Ausgeführt sind vorerst acht solche Oefen System Hasse-Didier in einer Reihe. Durch Freihaltung der einen Ofenhausseite ist die Möglichkeit geboten, später Oefen mit schiefliegenden Retorten einzubauen. Das mit einer Ventilationslaterne nebst zwei Ventilationsschloten versehene Ofenhaus enthält ein Obergeschoss und ein Untergeschoss. In letzterem haben die Generatoren Aufstellung gefunden.

Die gewonnene Coke wird durch trichterförmige Oeffnungen nach dem Generatorraum in eiserne Kippwagen geschüttet, unter besonderen Löschen gelöscht und auf Gleisen nach dem vor dem Ofenhause liegenden Cokeplatze gefahren.

Ein Anbau des Ofenhauses enthält Aufenthaltsräume für die Ofenarbeiter, eine interimistische Werkstatt und ein Arbeiterbad.

3. Apparaten- und Exhaustorhaus. Alle Apparatenhäuser enthalten je ein Ober- und ein Untergeschoss. In ersterem sind die Apparate aufgestellt, während in letzterem, leicht und bequem zugänglich, die Rohrleitungen, Ventile und Schieber liegen.

Im Apparatenhaus befinden sich:

a) zwei Luftcondensatoren und zwei Condensatoren, die Luft- und Wasserkühlung haben;
b) die Exhaustoranlage mit dreiflüglichen Exhaustoren nach Beale und direct gekuppelten Dampfmaschinen. Zur Reglung dienen Hahn'sche Regler und Umlaufsregler;
c) ein Theerscheider nach Pelouze mit Umgangsklappe;
d) ein für eine Leistung von 3000 cbm berechneter Standardwascher.

Die von dem Ofenhause nach dem Apparatenhause führende Betriebsrohrleitung ist eine schmiedeeiserne Freileitung.

4. Theer- und Ammoniakgruben. Dieselben sind unmittelbar an der dem Ofenhause zugekehrten Giebelseite des Apparatenhauses unterirdisch angeordnet. Sie fassen 500 cbm.

5. Maschinenhaus nebst Wasserthurm und Kesselanlage. Maschinen- und Kesselhaus sind für den vollständigen Ausbau des Gaswerks angelegt worden.

Ueber dem Maschinenhaus ist ein thurmartiger Aufbau angeordnet, in dessen einzelnen Stockwerken die Theer- und Ammoniakwasserbehälter, sowie das Betriebsreservoir für die hydraulischen Aufzüge und der Behälter für Reinwasser untergebracht sind. Letzteres wird durch eine eigene Pumpanlage gefördert.

Im Parterreraum des Thurmgebäudes stehen die Reinwasser-, Theer- und Ammoniakwasserpumpen. sowie zwei Betriebsdampfmaschinen von je 10 PS. Weiter sind daselbst die Akkumulatoren mit den zugehörigen Presspumpen angeordnet; letztere versehen die hydraulischen Aufzüge, die Reinigerdecke und den Krahn zum Entladen der Kohlen mit Druckwasser; dasselbe steht unter einem Druck von 50 Atmosphären.

Die Dampfkesselanlage besitzt zwei Dampfkessel von je 35 qm Heizfläche.

6. Reinigerhaus. In diesem stehen zunächst vier Reiniger für eine Leistung von 12500 cbm in 24 Stunden. Sämmtliche Ventile sind sogenannte hydraulische Ventile mit besonderem Tellerschluss. Das Oeffnen und Schliessen der Reinigerkästen geschieht auf hydraulischem Wege. Für den Transport der Reinigungsmasse nach und von den einzelnen Kästen dient eine Hängebahnanlage. Zum Abzug der schädlichen Gase sind im First des Gebäudes drei Ventilationschlote angeordnet. Der zur Zeit verfügbare Raum des Reinigungshauses wird als Regenerirungsraum benutzt.

7. Uhrenhaus. In demselben stehen vorläufig ein Stationsgasmesser mit einem stündlichen Durchlass von 1050 cbm und ein Stadtdruckregler mit einfacher Wasserbelastung für maximal 25000 cbm Tagesproduction.

8. Gasbehälter. Der Gasbehälter ist ein aus zwei Glocken bestehender Teleskopbehälter. Vorläufig ist nur die obere Glocke mit einem nutzbaren Inhalt von 8000 cbm zur Ausführung gelangt, während die untere Glocke von gleicher Grösse mit der zweiten Bauperiode für die Apparate hergestellt werden soll. Der Behälter hat einen massiven Ueberbau für beide Glocken mit eisernem Kuppeldach; das Bassin ist aus Stampfbeton hergestellt.

Das Gaswerk II besitzt ausserdem eine Ammoniakfabrik, die im Stande ist, in 24 Stunden 5000 Liter Ammoniakwasser zu schwefelsaurem Ammoniak zu verarbeiten, ein Verwaltungsgebäude mit Bureauräumen, Laboratorium, Wohnungen und ein Wägehaus.

Hase.

Neue Gasanstalt Mannheim.

(Mit Tafel IX.)

Das jetzt bestehende Gaswerk, nach einem Gutachten der Herren Schiele und Winterwerber s. Zt. für eine Einwohnerzahl von 100000 Seelen mit einer jährlichen Production von 150 Millionen Cbf = 4285714 cbm projectirt, in Wirklichkeit aber für 5000000 cbm gebaut, erreichte diese Production bereits im Jahre 1886, bei einer Einwohnerzahl von 68000 Seelen. Im letzten Betriebsjahr 1897/98 wurden bereits 7178160 cbm Gas erzeugt und abgegeben, das ist per Kopf der Bevölkerung. bei 99564 Seelen, circa 72 cbm.

Mit dieser Leistung ist das Werk an der Grenze des Möglichen angelangt, wenigstens würde eine weitere Steigerung auf die Dauer nicht durchführbar sein ohne Gefährdung der Sicherheit des Betriebs und ohne Beeinträchtigung der Qualität des Gases.

Da die jetzige Fabrikanlage ein in sich abgeschlossenes Ganze bildet, ist eine Erweiterung der einzelnen Apparate, sowie der ganzen Fabrikrohrleitung ausgeschlossen, mit Ausnahme einer etwaigen Telescopirung von 2 Gasbehältern.

Es erübrigt somit nur, den Neubau einer zweiten Fabrik in Aussicht zu nehmen, welch' letztere den doppelten Zweck erfüllen soll: erstens das jetzt bestehende Werk so zu entlasten, dass dasselbe für die Zukunft nur noch für eine tägliche maximale Production von 25000 cbm = 5000000 cbm Jahresproduction aufzukommen hätte; zweitens das jetzt schon erforderliche Mehr über 25000 cbm sowie die Zunahme zu decken, welche sich für die Zukunft ergeben wird.

Nach einer vom städtischen statistischen Amte aufgestellten Berechnung über die wahrscheinliche Zunahme der Einwohnerzahl für die nächsten 25 Jahre dürfte dieselbe bis zum Jahre 1912 eine Ziffer von 200000 Seelen bringen, welche bis zum Jahre 1925 auf 315000 weiter anwachsen würde. Legt man diese Ziffern bei der Bestimmung der Grösse des zu erbauenden Werkes zu Grunde und nimmt pro Kopf einen Consum von 66 cbm an, so müsste das neue Werk in der Lage sein, eine jährliche Production von

$$200000 \times 66 = 13200000 \text{ cbm}$$
$$\text{bezw. } 315000 \times 66 = 20790000 \text{ cbm}$$

zu liefern, abzüglich der Production des jetzigen Werkes von normal 5000000 cbm; somit im ersteren Falle (i, J. 1912) = 8200000 cbm, im letzteren Falle (i. J. 1925) = 15790000 cbm.

Da es jedoch nicht rationell erscheint, ein derartiges Werk in einem Zug zu erstellen, ehe der Consum nahezu erreicht ist, so würde sich empfehlen, den Bau abschnittsweise, in vier Systemen, zur Ausführung zu bringen und gleich auf die Schaffung einer weiteren Reserve von 25 % bedacht zu sein, wodurch die Zahl von 20000000 cbm statt der für 1925 berechneten von 15790000 cbm als in Aussicht zu nehmende Maximalproduction einzustellen wäre.

Die erste Frage über die Grösse des Werkes dürfte in Vorstehendem hinreichend erörtert sein, und würde nun der zweiten Frage, an welchem Platz das zweite Werk zu erbauen ist, näher zu treten sein.

Bei Gelegenheit früherer Erörterungen über die Erwerbung von Gelände hatte man angenommen, dass der Platz für den Neubau eines zweiten Werkes neben resp. in der Nähe der jetzigen Anstalt in Aussicht zu nehmen sei und hatte in den Vordergrund gestellt, dass bei dieser Anordnung in der einheitlichen Verwaltung des Betriebes beider Anstalten nicht unwesentliche Ersparnisse erzielt werden könnten.

Wenn diese Voraussetzung an sich auch zutrifft, so kommen doch wieder andere Factoren in Betracht, welche gegen eine solche Anordnung sprechen und die Erstellung der zweiten Fabrik an einer entgegengesetzten Stelle der Stadt als vorzugsweise geboten erscheinen lassen.

Das in Aussicht genommene Terrain, ausreichend gross, liegt in der Mitte des Geländes für die zukünftige nördliche Stadterweiterung, zugleich in der Nähe des neuen Hafens und kann bequeme Verbindung sowohl mit dem Gleis der Hauptbahn als auch mit den Hafengleisen erhalten. Das Werk direct an den Hafen zu legen, war, da das in Frage kommende Terrain sehr werthvoll und für private Anlagen weit besser zu verwerthen ist, nicht empfehlenswerth.

Das zu erbauende Werk soll in allen seinen Dimensionen ausreichend bemessen sein, um auf eine lange Reihe von Jahren allen Anforderungen genügen zu können. Um nicht zu weit zu greifen, haben wir einen Zeitraum von 25 Jahren in Aussicht genommen und auf Grund der Tabellen über die Zunahme der Bevölkerung und der Norm von 66 cbm pro Kopf und Jahr das Project auf eine Gesammtleistung von 20000000 cbm grundlegend berechnet, jedoch vorerst nur für eine Jahresproduction von 10000000 resp. 5000000 cbm ausgearbeitet.

Dementsprechend soll der Bau des Werkes in vier Hauptperioden erfolgen und zwar:

I. Bauperiode:

a) Herstellung des Bauplatzes, Anlage der Strassen, Wege und Schienengleise;
b) Erstellung eines Betriebsgebäudes;
c) Werkmeisterwohnung, Magazine, Werkstätten;
d) Retortenhaus, Kohlen- und Cokehallen, Scrubber, Maschinenhaus, Reinigungshaus, Uhren- und Regulatorenhaus, Kesselhaus. Alles dies für 50000 cbm Tagesproduction;
e) Hauptrohrstrang für 50000 cbm;
f) Gasbehälter, Reiniger, Scrubber, Kühler etc. für 25000 cbm } Tagesproduction.
g) Retortenöfen für 25000 cbm } Tagesproduction.

II. Bauperiode:

Ausbau der Oefen, Apparate und Gasbehälter für weitere 25000 cbm.

III. Bauperiode:

Gebäude wie oben für 50000 cbm;
Apparate wie oben für 25000 cbm;
Gasbehälter je nach Bedürfniss 25—50000 cbm;
Rohrstrang nach der Stadt nach Bedürfniss.

IV. Bauperiode:

Apparate und Oefen für weitere 25000 cbm.

Die Gesammtanlage des Werkes umfasst:

1. Betriebsgebäude und Wohnung für den Anstaltsleiter; im unteren Geschoss Bureauräumlichkeiten.
2. Werkmeisterwohnung mit Anbau, Werkstätte und Magazine; Stallung.
3. Kohlenmagazin und Kohlenaufbereitung, sowie Aufzüge.
4. Retortenhaus mit Anbau der Cokehallen und Anbau für Arbeiterräume, Speisesaal, Cantine, Bäder, Aborte, Werkmeisterbureau und Laboratorium.
5. Kühler- und Scrubberhaus, Maschinensaal, Uhren und Stadtdruckregler.
6. Kesselhaus, Ammoniakfabrik, Bäder, Aborte.
7. Reinigungshaus mit Regenerationsräumen.
8. Gasbehälter.
9. Theer- und Ammoniakwassergruben.
10. Schienengleise und Drehscheiben.

Der Betrieb des Werkes soll in folgender Weise erfolgen:

Die Anfuhr der Kohlen erfolgt entweder wasserwärts von der Ruhr unter Umladung in Eisenbahnwagen behufs Ueberfuhr in's Werk oder per Bahn direct aus dem Saargebiet.

Die Kohlen werden auf der Hochbahn eingebracht und in's Kohlenlager abgestürzt. Der Transport zu den Kohlenbrechern oder — wenn bereits gebrochene Kohlen angeliefert werden — der letzteren zu den hydraulischen Aufzügen erfolgt durch Hunde auf transportablen Gleisen.

Die gebrochenen Kohlen werden in den Hunden mittels hydraulischer Aufzüge gehoben und in die Kohlenbehälter über den Oefen gebracht.

Die Retortenöfen, nach dem System Coze gebaut, stehen in zwei Reihen im Retortenhaus einander gegenüber und zwar 6 Oefen in je 4 Blöcken.

Die Füllung der Retorten erfolgt in der Mitte der beiden Reihen, die Entleerung an den entgegengesetzten Seiten.

Die Coke wird mittels Handkarren nach den ausserhalb des Retortenhauses liegenden Cokelöschthürmen verbracht, dort abgelöscht und dann nach dem unteren Raum abgestürzt.

Sollte die inzwischen in einzelnen Fabriken zur Ausführung gekommene Brauer'sche Coketransportrinne sich im Betrieb bewährt haben, so ist deren spätere Einführung, die anstandslos erfolgen kann, in Aussicht genommen.

Die Coke wird mittels Becherwerken nach den in der Cokehalle aufgestellten Cokebrechern verbracht, dort gebrochen und sortirt, um direct in Eisenbahnwagen oder auf Fuhrwerke verladen, oder in Säcke abgefüllt zu werden.

Die Gabelcoke kann ebenfalls, ohne die Brecher zu passiren, mit den Becherwerken auf die Eisenbahnwaggons oder Fuhrwerke verladen werden.

Die überzählige Coke wird mit Hochbahn oder Hängebahn auf den Lagerplatz im Freien gebracht, was jedoch nach den bis jetzt gemachten Erfahrungen höchstens während 1—2 Monaten des Jahres — Juni und Juli — nöthig fallen dürfte, da der Absatz auch im Sommer ein sehr guter ist und grosse Vorräthe sich selten ergeben.

Die **Generatoren** liegen vor den Oefen und können aus den Retorten gefüllt werden.

Gas, Theer und Ammoniakwasser werden in gemeinschaftlichen Röhren nach dem Apparatenhaus geführt. Theer und Ammoniakwasser fliessen in eine Vorgrube, werden von hier aus gehoben, abgeschieden und nach besonderen Gruben abgeführt; der erstere, um zur Weiterbeförderung in Cisternenwagen gefüllt, das letztere, um zur Waschung des Gases oder aber zur Weiterverarbeitung verwendet zu werden.

Das Gas passirt die Wasserkühler, Gassauger, Pelouze'sche Theerscheider, Volumen-Scrubber mit Zschocke'schen Holzhorden, um weiter zu den Reinigern und von da aus durch die Gasmesser nach den Gasbehältern und durch die Stadtdruckregler nach der Stadt zu gelangen.

Das sich ergebende Ammoniakwasser soll vorerst in dem alten Werk Lindenhof verarbeitet werden, bis später bei grösserer Production die Erstellung einer zweiten Ammoniakfabrik nöthig fällt.

Die Abfuhr der sich ergebenden Producte, als Coke, Theer, Ammoniakwasser, ausgenützte Reinigungsmasse, sowie die Anfuhr von Baumaterialien, Retorten, Steinen, Reinigungsmasse, Röhren erfolgt auf dem Verbindungsstrang nach dem Hafen und von dort nach der Hauptbahn oder umgekehrt.

Der Betrieb der Exhaustoren und Pumpen im Maschinenhaus erfolgt durch Dampfkraft; der Betrieb der Pumpen der hydraulischen Anlage, der Cokebrecher und Kohlenbrecher durch elektrischen Strom aus dem städtischen Elektricitätswerk; als Reserve für den Fall von Betriebsstörungen sind Gasmotoren in Aussicht genommen.

In die Verbindungsleitung zwischen Oefen und Kühlern wird ein Sicherheitsapparat eingeschaltet, um bei etwaigem Versagen der Exhaustoren und zur Vermeidung von Ueberdruck in der Vorlage, dem Gas den Austritt in's Freie zu ermöglichen.

Ebenso wird zwischen Gasbehälter-Eingängen und Stadtdruckregler ein selbstthätiger Apparat eingebaut, um bei falscher Umstellung der Gasbehälter-Ausgänge eine Unterbrechung des Gaszuflusses zu verhüten.

Anzahl der Apparate und deren Leistungsfähigkeit.

I. Bauperiode:

Jährliche Gasproduction	5 000 000 cbm.
Tägliche Maximalproduction	25 000 »
Stärkste stündliche Abgabe	3 500 »

Gebäude- und Hauptrohrleitung nach der Stadt wird für die doppelte Production vorgesehen.

Zahl der Oefen: 12 Stück mit je 9 Retorten.
2 Blöcke à 6 Oefen.

Beschickung der Retorten täglich 5 Mal.
Stärke einer Retortenladung 200 Kilo.
Ausbeute per 100 kg Kohlen = 29 cbm Gas.

Leistung einer Retorte pro Tag 290 cbm Gas.
Somit Erzeugung von 25000 cbm täglich.
86 Retorten rot. 10 Oefen, verbleiben als Reserve 2 Oefen.

Kohlenhalle.

Der jährliche Bedarf an Kohlen ist:

$$\frac{5\,000\,000 \times 100}{29} = 17\,240\,000 \text{ kg.}$$

Der stärkste Verbrauch an Kohlen (im December):

86 × 1000 × 31 = 2 666 000 kg, somit für 3 Monate 7 998 000 kg.

Bei gleichmässig auf die Monate vertheilter Lieferung der Kohlen sind pro Monat 1 436 666 kg Kohlen zu beziehen; es können somit für die Monate November bis mit Januar zusammen 4 309 998 kg angeliefert werden, während am 1. November 1899 ein Vorrath von (7 998 000 ÷ 4 309 998) = 3 688 002 kg erforderlich sein würde.

Da die Kohlenhalle für eine Production von 10 000 000 cbm erbaut wird muss dieselbe für 2 × 3 668 002 = 7 376 004 kg Kohlen Fassungsraum erhalten. 1 cbm Kohlen ist zu ca. 870 kg angenommen, es sind somit:

$$\frac{7\,376\,004}{870} = 8478 \text{ cbm Raum erforderlich.}$$

Die Grösse der Kohlenhalle ist auf 70 × 30 m bemessen; bei einer Schichthöhe der Kohlen von 4 m ergibt dieselbe somit 8400 cbm Fassungsraum.

Die Kohlenbehälter der einzelnen Oefen sollen im Minimum für eine Tagesleistung ausreichen. Es sind, wie oben angeführt, per Ofen in 24 Stunden 200 × 5 × 9 = 9000 kg erforderlich; den Cubikmeter zu 870 kg gerechnet, ergibt dies 10,3 cbm. Die Behälter erhalten indessen einen Fassungsraum von 14 cbm, somit ein Mehr von 40 %.

Das Zerkleinern und Aufbringen von Kohlen soll womöglich in 8 Stunden erfolgen und müssen deshalb bei Betrieb von 10 Oefen in dieser Zeit 10 × 9000 kg = 90 000 kg Kohlen gefördert werden.

Die beiden Kohlenzerkleinerungsmaschinen und beiden hydraulischen Hebevorrichtungen sind auf eine stündliche Leistung von je 10 000—15 000 kg berechnet.

Die Vorlagen der Oefen sind nach den neuesten Erfahrungen auszuführen, mit Regulirschiebern für Theerstand, Reinigungskammern zur Entfernung des dicken Theers während des Betriebs, selbstthätigem Abfluss etc. zu versehen.

Die Verbindungsrohre zu den Kühlern haben Gas, Theer und Ammoniakwasser aufzunehmen und sind dementsprechend weit genug herzustellen; die Geschwindigkeit des Gases in denselben soll im Maximum 2 m nicht überschreiten. Dieselben sind für eine stündliche Production von 1200 cbm einzurichten und erhalten demnach unter Berücksichtigung der Temperaturerhöhung einen lichten Durchmesser von 550 mm, was einer Geschwindigkeit des Gases von 1,9 m entspricht.

Die Verbindungsrohre nach den Kühlern bis zu den Stationsgasmessern sind ebenfalls für eine stündliche Production von 1200 cbm bei einer Maximalgeschwindigkeit von 2 m auszuwählen und erhalten dementsprechend einen Durchmesser von 450 mm.

Die Zuführungen zu den Gasbehältern, für eine stündliche Production von 2400 cbm berechnet, erhalten einen Durchmesser von 600 mm; die Geschwindigkeit des Gases beträgt 2,3 m.

Das Gasbehälter-Ausgangsrohr, für eine stündliche Abgabe von 3500 cbm berechnet, erhält entsprechend einer Geschwindigkeit des Gases von 2,5 m einen lichten Durchmesser von 700 mm.

Sämmtliche Leitungen zur Verbindung der Apparate unter einander sind so reichlich bemessen, dass dieselben allen Anforderungen, welche nur an einen rationellen Betrieb gestellt werden können, genügen und glattes Arbeiten des einen Systems in das andere gestatten.

Das Hauptrohr nach der Stadt, für eine stündliche Abgabe von 7000 cbm berechnet, erhält einen Durchmesser von 800 mm lichter Weite bei einer Geschwindigkeit des Gases von 4 m.

Kühler.

Die Kühlapparate sollen mit innerer und äusserer Wasserkühlung versehen werden und ist angenommen, dass auf je 1,8 qm Kühlfläche 100 cbm Gas, welche in 24 Stunden passiren, gekühlt werden. Es sind somit

$$\frac{25\,000 \times 1,8}{100} = 450 \text{ qm}$$

Fläche erforderlich. Vorgesehen sind 6 Kühler, jeder mit einer Kühlfläche von 75 qm, somit zusammen 450 qm.

Exhaustoren.

Zur ersten Versorgung sind 2 Exhaustoren bestimmt, je für eine stündliche Production von 1500 cbm.

Bei vollem Ausbau bis zu 25 000 cbm täglicher Production soll ein dritter Exhaustor für eine stündliche Leistung von 1500 cbm erstellt werden, um in vollem Betrieb die nöthige Reserve zu haben. Der dritte Exhaustor dient bei späterem Ausbau für 50 000 cbm täglicher Production als Reserve für das zweite System.

Condensationsapparat von Pelouze.

Die Aufstellung eines Apparats mit einer stündlichen Leistung von 1500 cbm ist vorerst geplant; die Aufstellung eines zweiten und dritten Apparats erfolgt nach sich ergebendem Bedürfniss.

Scrubber und Wascher.

Zur Vermeidung von maschinellem Betrieb werden nur Volum-Scrubber mit Holzeinlagen und Wasserberieselung, System Zschocke, verwendet. Es soll deren Grösse so bemessen werden, dass per 100 cbm Gas, welche in 24 Stunden passiren, 0,8 cbm Scrubberraum vorhanden sind. Dies ergibt für 25 000 cbm tägliche Production

$$\frac{25\,000 \times 0,8}{100} = 200 \text{ cbm Inhalt.}$$

Es sind projectirt 4 Scrubber à 2,50 m Durchmesser bei 10 m Höhe, welche zusammen 200 cbm ergeben.

Reinigungsapparate.

Jeder Reiniger erhält eine □-Fläche von 7 × 6 = 42 qm. Es werden 4 Apparate hintereinandergeschaltet, und beträgt die Geschwindigkeit des Gases in denselben im Maximum 7,8 mm. Es ist dieses Flächenmaass der Reiniger angenommen, weil sich dasselbe bei der jetzigen Anlage im alten Werke bewährt hat und eine unnöthige Grösse der Apparate vermieden wird, zumal die Maximalproduction sich auf kurze Zeit beschränkt.

Stationsgasmesser.

Die Aufstellung eines Messers von 1550 cbm stündlichem Durchlass ist vorerst in Aussicht genommen; der zweite und dritte kann je nach Bedürfniss erstellt werden.

Von der Aufstellung eines grösseren Messers ist aus dem Grunde Umgang genommen, um bei etwa vorkommenden Reparaturen immer einen zweiten Messer zur Verfügung zu haben.

Stadtdruckregler.

Vorgesehen ist ein Druckregler von 600 mm Ein- und Ausgang für eine stündliche Abgabe von 3500 cbm. Ein zweiter Druckregler kann nach eintretendem Bedarf jederzeit erstellt werden.

Gasbehälter.

Die Aufstellung eines Telescopbehälters von 25 000 cbm Inhalt ist für die erste Periode in Aussicht genommen. Mit Rücksicht auf den ungleichen Consum an Sonn- und Feiertagen, gegenüber den Werktagen, wurde statt der üblichen 75 % der stärksten Abgabe 100 % gewählt.

Dampfkessel.

Die Dampfkesselanlage ist in entsprechender Grösse vorgesehen, um jederzeit genügend Dampf erzeugen zu können zur Speisung der Dampfmaschinen und Versorgung der Ammoniakfabrik, der sonstigen Fabrikräume, Bäder etc. Vorerst ist die Aufstellung von 2 Kesseln geplant, für einen dritten und vierten der erforderliche Raum vorgesehen. Die Heizung der Kessel soll mit Cokestaub erfolgen.

Dampfmaschine.

Zum Betrieb der Exhaustoren, der Wasser-, Ammoniakwasser-, Theerpumpen sind zwei 20 HP. Dampfmaschinen vorgesehen. Desgleichen zum späteren Betrieb einer Chamottemühle und sonstiger Werkzeugmaschinen.

Theer- und Ammoniakwassergruben.

Es sollen erstellt werden:

1. Eine Sammelgrube für Theer, Ammoniakwasser, Inhalt 150 cbm
2. Eine Theergrube . . . . , . . . » 400 »
3. Drei Ammoniakwassergruben, je 210 cbm . . . » 630 »
4. Eine Grube für starkes Ammoniakwasser . . » 480 »

Um jederzeit leicht eine Reinigung der Gruben vornehmen zu können, sind dieselben, mit Ausnahme der Grube für starkes Ammoniakwasser, nicht überwölbt, sondern mit Dielen abgedeckt und überdacht.

Wasserleitungen.

Das ganze Werk ist mit Wasserleitung versehen. Die Versorgung desselben mit Trink- und Brauchwasser erfolgt durch die städtische allgemeine Wasserleitung; bei etwa eintretender Betriebsstörung der letzteren geschieht die Versorgung des Werks durch eine hierfür besonders aufgestellte Pumpe mit eigenem Brunnen.

Das von den Kühlern abfliessende erwärmte Wasser wird sowohl zum Löschen der Coke, als auch für die Bäder, sowie zur Speisung und Erwärmung der Gasbehälter etc. benutzt.

Beleuchtungseinrichtung.

Die Beleuchtung erfolgt zum Theil durch Gas; wo dies der Feuergefährlichkeit halber nicht angängig ist, durch elektrisches Licht, wozu der Strom dem städtischen Elektricitätswerke zu entnehmen ist.

Canalisation.

Das Gelände ist, soweit erforderlich, canalisirt und an das städtische Netz angeschlossen.

Schienengleise, Drehscheiben, Waagen.

Die Gleiseanlage ist in dem ganzen Werk durchgeführt und gestattet eine leichte Zu- und Abfuhr aller Materialien; wo erforderlich, wird das Hauptgleise durch verlegbare Schmalspurgleise ergänzt. An geeigneten Punkten sind Drehscheiben angelegt.

Zur Gewichtscontrole sind 3 Eisenbahn-Brückenwaagen, sowie beim Eingang in's Werk eine Fuhrwerkswaage angebracht.

Telephonleitungen.

Zur Sicherung des Betriebes und zur leichteren Ueberwachung werden die einzelnen Betriebsstellen unter sich elektrisch verbunden. Ebenso werden directe Verbindungen mit dem Verwaltungsgebäude *K 7*, sowie dem Gaswerk Lindenhof hergestellt, um jederzeit eine genaue Controle über die Druckverhältnisse zu haben.

Die Gesammtkosten der Erstellung des Werkes am Ende der ersten Bauperiode sollen nach dem mit Vorsicht aufgestellten und in seinen Ansätzen überall reichlich bemessenen, immerhin aber nur als approximativ zu betrachtenden Voranschlag M. 2 965 000.— betragen, wobei allerdings der Hoffnung Raum gegeben wird, dass bei der Ausführung nicht unbeträchtliche Ersparnisse zu machen sein werden.

Nach einer im Auftrag des Stadtraths durch die Herren Hofrath Dr. H. Bunte, Karlsruhe, Stadtbaurath Hasse, Dresden und Director Reichardt, Karlsruhe, vorgenommenen Begutachtung des Projects wurde die Genehmigung zur Erbauung desselben durch den Bürgerausschuss unterm 18. April 1899 ertheilt; nach Fertigstellung der definitiven Pläne wird ungesäumt mit dem Bau begonnen, sodass die Inbetriebsetzung des Werkes gegen Ende des Jahres 1900 erfolgen dürfte.

Beyer.

Neues Gaswerk Mülhausen i/E.

Mit Tafel X.

Der Vertrag der Gasgesellschaft Mülhausen mit der Stadt Mülhausen i/E. wurde am 21. Juni 1897 mit bedeutender Gaspreisermässigung bis zum Jahre 1933 verlängert. Die Herabsetzung des Gaspreises hatte eine bedeutende Steigerung des Gasconsums im Gefolge, so dass das bestehende Gaswerk für den Bedarf nicht mehr ausreicht; es wurde daher der Bau eines neuen zweiten Gaswerkes beschlossen.

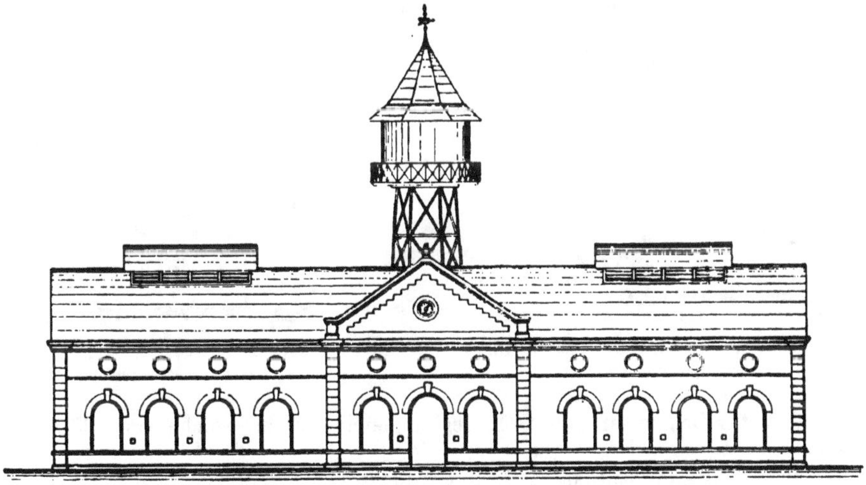

Fig. 1. Maschinenhaus. Gebäude für Kühler, Gassauger und Wäscher.

Das jetzige Gaswerk liegt in der Altstadt, ringsum von Häusern umgeben, so dass eine bedeutende Vergrösserung desselben nicht vollführt werden kann. Andererseits wird die Zufuhr der Kohlen durch die Dampfstrassenbahn bewerkstelligt, und hat man sich daher entschlossen, sofort ein neues Gaswerk direct an einer Eisenbahnstrecke und in der Nähe des hier durchgeführten Rhein-Rhone-Kanales zu bauen. Das alte Gaswerk bleibt vorläufig in seinem jetzigen Umfange bestehen, doch ist das neue Gaswerk so anzulegen, dass nach Jahren, wenn das bestehende Gaswerk ausser Betrieb gesetzt wird, das neue Gaswerk dementsprechend ausgebaut werden kann.

Zu diesem Zwecke wurde ein Grundstück von 13 ha Flächeninhalt angekauft, welches von 2 Flüssen, einer Hoch- und einer Niveaubahn begrenzt wird; auch ist der Rhein-Rhone-Kanal in der Nähe des neuen Werkes, so dass die Kohlen per Schiff bezogen und von da nach dem Gaswerk befördert werden können.

Die Stadt Mülhausen mit Dornach und den angrenzenden gasconsumirenden Dörfern hat 100000 Einwohner; es wurde daher das Project des neuen Gaswerkes für eine Tagesproduction von 120000 cbm Gas ausgearbeitet.

Das ganze Project besteht aus 4 Systemen, von denen ein System für eine Tagesproduction von 30000 cbm sofort ausgebaut wird. In dem bestehenden Gaswerk sind noch alle Apparate und Oefen in gutem Zustande, so dass in dem neuen Gaswerk vorerst nur eine Ofenbatterie zu 15000 cbm Tagesproduction ausgebaut wird; die übrigen Apparate werden für eine Tagesproduction von 30000 cbm und die Gebäude für eine solche von 60000 cbm ausgeführt. Der Zweckmässigkeit halber wird jedoch das Ofenhaus vorerst nur für eine Tagesproduction von 30000 cbm und

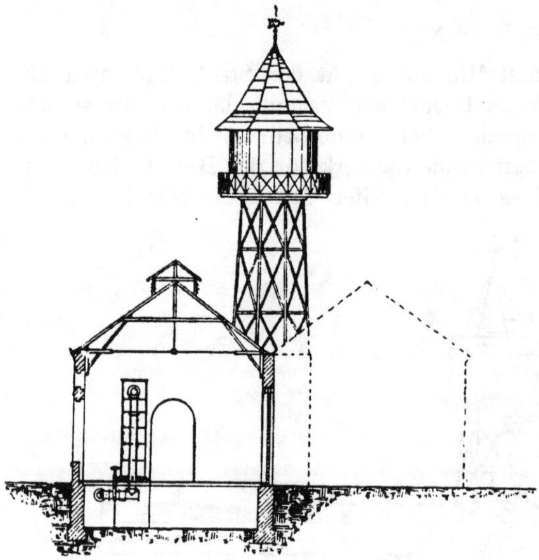

Fig. 2. Maschinenhaus. Gebäude für Kühler, Gassauger und Wäscher.

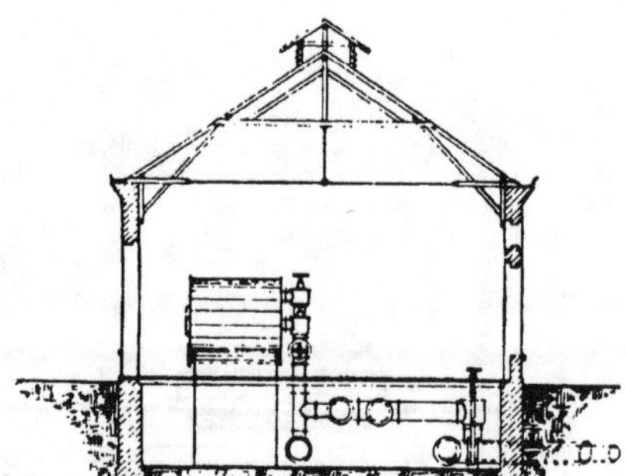

Fig. 3. Gebäude für Gasmesser und Druckregler.

das Gebäude für Gasmesser und Druckregler gleich für eine solche von 120000 cbm ausgebaut.

Beim Eingang befinden sich links die Bureaux und Wohnung (Tafel X, 1), rechts eine Bade- und Douchenanlage, Speiseraum mit Küche für die Arbeiter, Portier und eine zweite Wohnung etc. (Tafel X, 2). Gegenüber dem Eingang, in der Mitte der Anlage, ist das Maschinenhaus (Tafel X, 3 und Fig. 1 u. Fig. 2) und über demselben, um architektonisch besser zu wirken, der Wasserthurm angelegt. Links vom Maschinenhaus ist das Gasmesserhaus (Tafel X, 4 und Fig. 3), rechts in gleicher Grösse und Ausbildung das Dampfkesselhaus (Tafel X, 5 und Fig. 4); ferner befindet sich rechts vom Eingang noch das Ofenhaus (Tafel X, 6 und Fig. 5) und links, in fast gleicher Grundfläche, die Reinigung (Tafel X, 7 und Fig. 6), sowie dahinter liegend der Gasbehälter (Tafel X, 8).

Beim Ausbau des III. und IV. Systemes wird das Werk in gleicher Weise entgegengesetzt ausgebaut, so dass dann Maschinenhaus mit Wasserthurm in den Mittelpunkt der ganzen Anlage zu liegen kommt.

Die Kohlen werden mittelst einer auf 6,00 m hohen Pfeilern geführten Hochbahn nach dem Kohlenschuppen mit Wellblechbedachung (Tafel X, 9 und Fig. 5) geführt; derselbe hat eine Länge von 50 m und eine Breite von 20 m und werden hier die Kohlen aus den Kohlenwagen heruntergestürzt, kommen dann nach dem Kohlenbrecher und von da mittels Elevators in den Kohlenhochbehälter. Der Antrieb des Kohlenbrechers und des Elevators erfolgt durch einen 10 PS. Gasmotor.

In dem Ofenhaus von 50 m innerer Länge und 14 m innerer Breite werden 2 Batterien à 5 Oefen aufgestellt, und hat jeder Ofen 9 schrägliegende Retorten von je 4,572 m Länge. Die Gasproduction einer Batterie soll in 24 Stunden 15000 cbm betragen.

Die Coke aus den schrägliegenden Retorten gleitet direct in Hängebahnwagen, welche vor den Oefen auf einer horizontalen Schiene geführt werden und alsdann von hier selbstthätig auf einer im Gefälle liegenden Schiene nach dem Hofe laufen. Diese Wagen entleeren sich durch Anfahren an einen jeweils anzubringenden

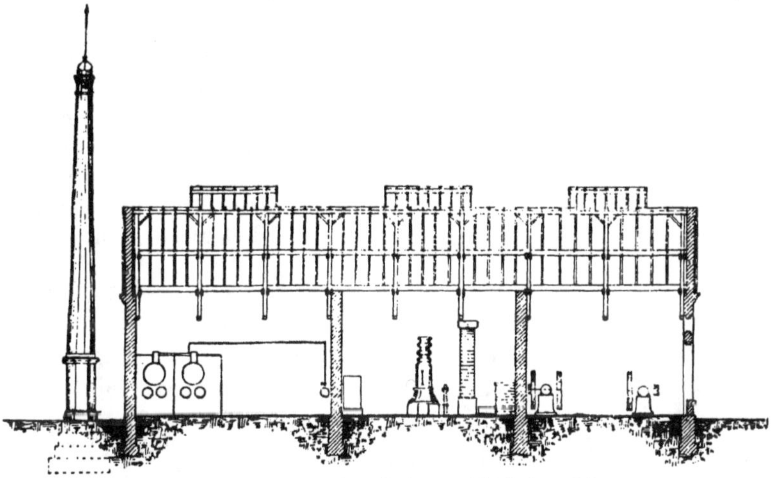

Fig. 4. Gebäude für Dampfkessel, Ammoniakfabrik und Pumpen.

Ausrücker und fahren alsdann in Folge des Gefälles von selbst weiter bis zum Ofenhause, woselbst bei der Einfahrt ein Aufzug angebracht ist, welcher die leeren Cokehängebahnwagen um die Gefälledifferenz wieder auf die horizontale Strecke vor den Oefen hebt. Der Betrieb des Aufzuges erfolgt entweder durch Maschine oder Hand. Den Aufzug könnte man auch sparen und die Hängebahnwagen durch Drahtseil mit Klemmvorrichtung auf die horizontale Strecke vor den Oefen zurückbringen. Während des Tages werden die Hängebahnwagen in der Nähe des Cokebrechers (Tafel X, 10 und Fig. 5) entleert, so dass die Coke nach Ablöschung sofort in den Elevator des Cokebrechers eingebracht werden kann, um die unter dem Cokebrecher stehenden Eisenbahnwaggons sofort mit grober oder gebrochener Coke zu beladen.

Auf diese Weise wird die Hauptarbeit, nämlich der Transport der Kohle vom Kohlenbrecher in den Elevator, in den Hochbehälter, in die Retorten, sowie der Transport der Coke von der Retorte in den Hof, in den Cokebrecher und in die Eisenbahnwagen, durch Maschine geleistet, so dass nur die kleineren Arbeiten durch Arbeiter ausgeführt werden.

Die Betriebsrohrleitung im Ofenhause erhält einen inneren Durchmesser von 800 mm für 60000 cbm Gas pro 24 Stunden; diejenige vom Ofenhause bis

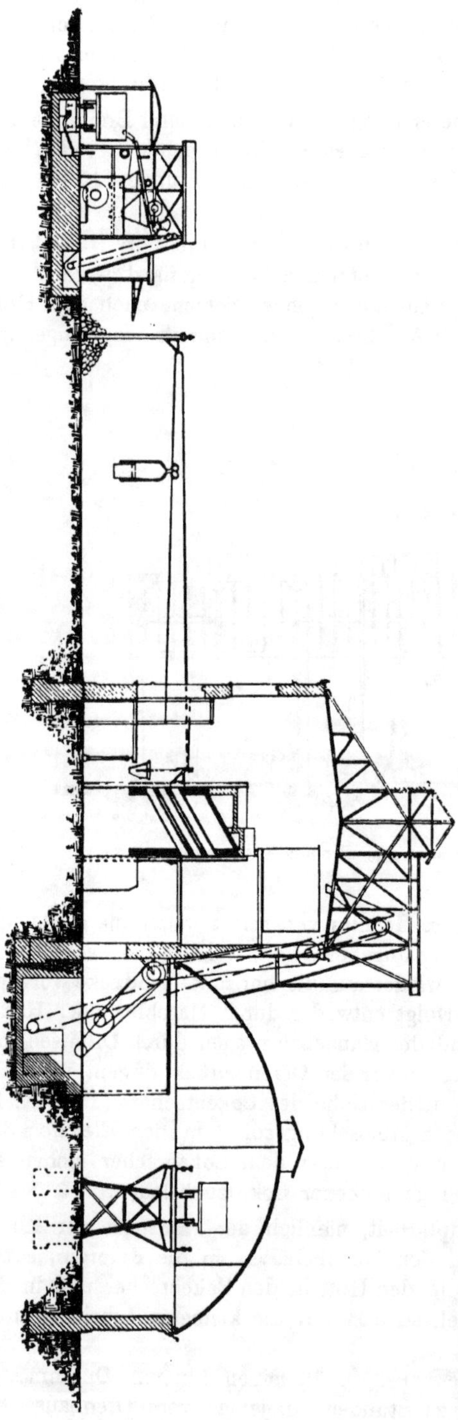

Fig. 5. Ofenhaus mit Kohlenmagazin und Cokebrecher.

zum Kühlerhause einen inneren Durchmesser von 650 mm, und theilt sich letztere beim Eingang in das Kühlerhaus in 2 Rohrleitungen von je 450 mm innerem Durchmesser für je 30000 cbm Tagesproduction.

Für das erste System kommen im Maschinenhause folgende Apparate zur Aufstellung und durchströmt das Gas dieselben in nachstehender Reihenfolge:

2 Luftkühler von 2,000 m äusserem, 1,700 m innerem Durchmesser und 5,500 m Höhe;

2 gusseiserne Wasserkühler, System Reutter, mit 1840×1700 mm Grundfläche, 5410 mm Höhe, bestehend aus je 6 Abtheilungen von 874 mm Höhe;

2 Gassauger von je 1500 cbm stündlicher Leistung, bei 80 Umdrehungen in der Minute mit 400 mm Stutzenweite; dieselben sind direct mit Dampfmaschinen gekuppelt;

1 Condensationsapparat System Pelouze & Audouin mit Umgangsklappe;

1 Vorscrubber (System Zschocke) mit einem Durchmesser von 2,00 m bei 5,50 m Höhe;

1 Standardwascher mit einer Leistung von 30,000 cbm in 24 Stunden.

Bei Austritt aus dem Kühlerraume beginnend, ist eine Hauptleitung für das erste und zweite System zusammen mit einem inneren Durchmesser von 650 mm vorgesehen; diese Leitung geht durch den Gassauger- und Wascherraum und werden die Apparate der beiden Systeme an diese Leitung angeschlossen.

Von dem Wascherraum geht das Gas durch eine Rohrleitung von 650 mm lichter Weite nach der Reinigung, woselbst vorerst nur 3 Reinigerkasten von je 90 qm Grundfläche zur Aufstellung kommen, von denen für eine Tagesproduction von 30,000 cbm nur je zwei in Betrieb sind.

Von der Reinigung gelangt das Gas durch eine Rohrleitung von 650 mm lichter Weite nach dem Gasmesser- und Druckreglergebäude, woselbst es einen Fabrikationsgasmesser für eine Leistung von 30000 cbm Gas in 24 Stunden passirt und alsdann in einem einfach telescopirten Gasbehälter von 15000 cbm Inhalt aufgespeichert wird; derselbe hat ein Eingangsrohr von 700 mm und ein Ausgangsrohr von 800 mm innerem Durchmesser.

Von dem Gasbehälter kommend, passirt das Gas den Stadtdruckregler mit Wasserbelastung und geht durch eine Hauptrohrleitung von 800 mm innerem Durchmesser nach der Stadt.

In dem Maschinenhause werden zur Regulirung der Dampfmaschinen für die Gassauger Hahn'sche Regler angeordnet, ebenso erhält ein Umlaufregler in diesem Raume Aufstellung.

Für den Transport der Reinigermasse von den Reinigern nach der Regeneration und umgekehrt ist eine Hängebahn vorgesehen.

Ein Benzolapparat für die Anreicherung des Gases, ein Alkoholapparat zur

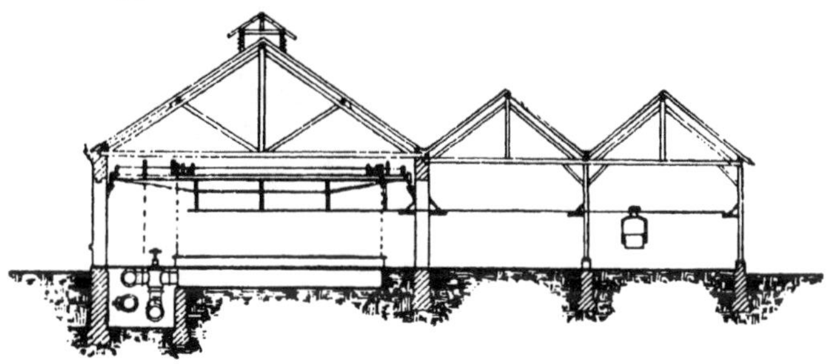

Fig. 6. Reinigung und Regeneration.

Verhütung des Einfrierens der Gasleitungen, sowie ein Antinaphtalinapparat erhalten in dem Gasmesser- und Druckreglerhause Aufstellung.

Die Theer- und Ammoniakwasserabläufe an den Apparaten erhalten sichtbare Ueberläufe.

In dem Dampfkesselhaus kommen vorerst 2 Dampfkessel mit Cokestaubfeuerung von je 34 qm Heizfläche zur Aufstellung. Für die Fabrikation von schwefelsaurem Ammoniak kommt ein Colonnenapparat zur Anwendung, und wird derselbe in der Ammoniakfabrik aufgestellt; ferner finden in dem Pumpenraum die Theer-, Ammoniakwasser- und Klarwasserpumpen ihren Platz. Für den Betrieb der Pumpen kommt ein Gasmotor von 10 PS. zur Verwendung.

Die Beleuchtung der Innenräume und des Hofes erfolgt mittels Elektricität, und kommt die Dynamo mit Gasmotor von 25 PS. gleichfalls im Pumpenraum zur Aufstellung; über dem Pumpenraum erhalten Theer- und Ammoniakwasserreservoir, und in der Nähe Theer- und Ammoniakwassergruben (Tafel X, 11) ihren Platz.

Für den Transport von Theer und Coke auf Eisenbahnwagen ist am Cokebrecher eine Waage (Tafel X, 13) und für einfache Fuhrwerke am Eingang eine Waage (Tafel X, 12) angeordnet.

Die Vergebung der Arbeiten und Lieferungen erfolgte im December v. Js.; mit den Bauarbeiten wurde im Februar dieses Jahres unter Leitung des Unterzeichneten begonnen, und soll das Werk im November ds. Js. dem Betrieb übergeben werden.

Kellner.

Neues Gaswerk Wiesbaden.

Mit Tafel XI.

Die neue Gasfabrik, welche an dem östlichen Hange des sog. Salzbachthales an der von Wiesbaden nach Mainz führenden Mainzer Landstrasse liegt, ist, wie aus dem Lageplan ersichtlich, in zwei symmetrische Systeme getheilt, welche sich um eine gemeinschaftliche Mittelaxe gruppiren und wovon jedes für eine Maximaltagesproduction von 30000 cbm bestimmt ist. Vorerst sind nur das nördliche System und die für beide Systeme gemeinschaftlichen Gebäude ausgeführt. Die einzelnen Fabrikationszweige sind im Interesse der Sicherheit des Betriebes getrennt in freistehenden Gebäuden untergebracht, und da die Verbindung mit der Eisenbahn später nach Vollendung der neuen Bahnhofsanlagen von Süden her, der Mainzerstrasse entlang, erfolgen wird, ist der Kohlenschuppen dieser am nächsten gestellt, während die übrigen Gebäude dem Gang der Fabrikation entsprechend angeordnet sind.

Der Kohlenschuppen, der wie die anderen Fabrikgebäude massiv aus Mauerwerk mit eiserner Dachconstruction und Falzziegeldeckung auf Holzsparren ausgeführt wurde, ist mit den nöthigen Oeffnungen und Geleisen zum Ein- und Ausbringen der Kohlen versehen und hat nach der Strasse zu ein schmiedeeisernes, mit Wellblech gedecktes Vordach zum Schutz der auf dem äusseren Geleise zum Ausladen aufgestellten Wagen. Der Kohlenschuppen hat bei 68,5 m lichte Länge und 17,39 m Breite 7,5 m Wandhöhe und soll in erster Linie dazu dienen, einen grossen Theil des unbedingt erforderlichen sog. eisernen Bestandes an Kohlen aufzunehmen.

Das den Kohlenschuppen mit dem Retortenhause verbindende Magazin, welches auch als Kohlenschuppen für den laufenden Bedarf eingerichtet ist, wird durch die Umfassungswände des Schuppens und des Retortenhauses gebildet und ist mit einem freitragenden, mit den nöthigen Oberlichtern und Luftflügeln versehenen Wellblechdach auf halber Höhe des Kohlenschuppens überdeckt. Dasselbe dient gleichzeitig auch zur getrennten Lagerung von verschiedenen Probekohlen zu Versuchszwecken und befindet sich hier ebenfalls ein Ausladegeleise. Der nördliche Theil des Magazins ist abgetrennt und enthält im Keller den Baderaum mit Wannen- und Brausebädern und im Erdgeschoss, sowie im Obergeschoss Arbeiteraufenthaltsräume, welche mit den im anstossenden Retortenhause befindlichen in directer Verbindung stehen. Alle diese Räume sind hell und luftig, wie überhaupt den Rücksichten auf die für die Arbeiter bestimmten Wohlfahrtseinrichtungen in weitem Umfange Rechnung getragen ist.

Das Retortenhaus enthält bei einer lichten Länge von 63,33 m, einer lichten Breite von 15,0 m und 7,5 m Wandhöhe über Terrain drei Ofenbatterien zu je vier Oefen (System Klönne) mit je acht Retorten, sowie die nach der Stadtseite (Norden) eingebauten Arbeiteraufenthaltsräume, so dass die ganze Länge desselben der des Kohlenschuppens gleich kommt. Das Retortenhaus ist ganz unterkellert, so dass ausser dem Platz für die Oefen und die Bedienung der Generator-Feuerungen noch Raum zum Lagern von feuerfestem Material u. dergl. bleibt. Das Kellergeschoss ist mit Cementbetongewölben zwischen I Trägern auf gusseisernen Säulen überdeckt und durch zwei Schächte, welche auf den Löschplatz münden, sowie durch den hinter den Oefen befindlichen und nicht überdeckten Raum ventilirt. Das Dach des Retortenhauses ist mit Wellblech auf eisernem Dachstuhl eingedeckt und trägt eine auf der ganzen Länge durchgehende Ventilationslaterne mit stellbaren Klappen. Von den drei im nördlichen Theil des Retortenhauses vorgesehenen Arbeiterräumen ist der im Keller für Waschvorrichtungen, der im Erdgeschoss als Garderobe und der darüberliegende als Esssaal vorgesehen. Im Dachraum über den Arbeiterräumen sind die schmiedeeisernen Wasserbehälter zum Betrieb der Wasch- und Badeeinrichtungen untergebracht.

Der Transport der Kohlen aus den Magazinen vor die Oefen und in die Retorten wird durch eine Hängebahn mit fahrbaren Lademulden u. s. w. vermittelt.

Der hinter dem Retortenhause liegende Löschplatz ist auf drei Seiten eingeschlossen, und zwar von dem Retortenhause, einem Zwischenbau, welcher im Erdgeschoss Closets und Pissoirs, darüber noch einen Arbeiterraum enthält, und von dem 15,0 m breiten und 68,24 m langen Cokeschuppen, in welchen die Coke alsbald nach der Ablöschung befördert wird.

Der Cokeschuppen ist bei derselben Wandhöhe von 7,5 m mit zwei Zwischenböden ausgeführt, welche aus Betongewölben zwischen I Trägern auf Unterzügen und gusseisernen Säulen hergestellt sind und es ermöglichen, einen grossen Theil der Production unter Dach lagern zu können. Der Cokeschuppen hat hölzernen Dachstuhl und Schieferdeckung. Hinter dem Cokeschuppen befindet sich unter dem auf der ganzen Länge durchlaufenden Schutzdach ein Ladegeleise zum directen Beladen der Waggons. Für das Brechen der Coke und die Hebung derselben ist eine maschinelle Einrichtung vorgesehen, deren Betrieb durch Strom aus der elektrischen Centrale erfolgen wird. Am südlichen Ende des Cokeschuppens sind die Werkstätten und darüber Magazine eingerichtet.

In der Hauptaxe der Fabrik befindet sich von der Strasse aus zuerst eine grössere Hoffläche und alsdann das für beide Systeme ausgebaute Gebäude für die Condensatoren und die nasse Reinigung, sowie die Exhaustoren. Von den Apparaten sind jedoch zunächst nur die für ein System erforderlichen aufgestellt.

Hinter dem genannten Apparatenhause befindet sich, durch eine Fahrstrasse getrennt, das Dampfkesselhaus mit dem 36,0 m hohen Kamin.

Hinter dem Kesselhause steht das Gebäude für die Stationsmesser und Regulatoren, darüber Bureaux der Gasmeister, Laboratorium und Photometerzimmer.

Neben dem Uhrenhause, nördlich, steht das Haus für die trockene Reinigung mit angebautem Regenerirraum. Der Transport der Reinigungsmasse erfolgt vermittelst einer Hängebahn. Zwischen dem Kesselhause und dem Cokeschuppen steht der Schuppen für die Apparate zum Concentriren des Ammoniakwassers, während die Sammelgruben für Ammoniakwasser und Theer zwischen Retortenhaus und Apparatenhaus unterirdisch erbaut sind.

Auf dem östlichen Theil des Grundstücks sind von den projectirten drei Gasbehältern zunächst zwei einfach telescopirte mit je 14 000 cbm nutzbarem Inhalt erbaut. Der nördliche Behälter hat Betonbassin, während der in der Hauptaxe der Fabrik stehende schmiedeeisernes Bassin hat.

Sämmtliche Rohrleitungen und Ventile in den Gebäuden liegen in hellen und luftigen Kellerräumen frei und jederzeit zugänglich.

An der nördlichen Grenze des Terrains ist ein Wohnhaus für den Betriebsleiter mit den nöthigen Bureauxräumen und ein zweites für die zwei Gasmeister errichtet.

Am südlichen Ende befindet sich der Rohrlagerplatz, daran anschliessend das Städtische Elektricitätswerk, welches Strom zu Kraft- und Beleuchtungszwecken liefert, und sind alle Theile des Ganzen durch Eisenbahngeleise zugänglich gemacht. Ebenso sind die einzelnen Hauptgebäude telephonish mit einander verbunden.

Das zunächst ausgebaute System ist, nachdem dasselbe längere Jahre als Filiale der alten Fabrik in provisorischer Weise eingerichtet war, am 5. April d. J. definitiv in Betrieb genommen worden, und wird der Ausbau des zweiten Systems bei der raschen Steigerung des Gasconsums bereits in kurzer Zeit erfolgen müssen. Die vollständige Unabhängigkeit des zweiten Systems von dem ersten wird es alsdann sehr leicht machen, etwaige bewährte Neuerungen in der Fabrikation, insbesondere bei dem Retortenhause, entsprechend berücksichtigen zu können.

Muchall.

Das neue Gaswerk der Stadt Zürich in Schlieren.

Mit Tafel XII.

Bei der raschen Entwickelung, welche die Stadt Zürich anfangs der 90er Jahre nahm, erwiesen sich die alten drei Gasfabriken als unzulänglich, und es musste zu einem Neubau geschritten werden.

Im Februar 1897 wurde der Credit für den Bau einer Gasfabrik mit einer Leistungsfähigkeit von 100000 cbm täglicher Production bewilligt. Der eigentliche Bau begann im September 1897, und Mitte November 1898 wurde ein erster Theil der Anlage, mit einer Leistungsfähigkeit von 25000 cbm Tagesproduction, dem Betriebe übergeben.

Die drei alten Gaswerke stehen mitten in bebauten Quartieren der — zur Zeit 160000 Einwohner zählenden — Stadt, währenddem für das neue Gaswerk ein ziemlich weit von der Stadt entfernter, günstig gelegener Bauplatz flussabwärts, im sog. Limmatthal, gewählt wurde. Das Land gehört der Stadt Zürich und entspricht im Uebrigen bezüglich Höhenlage, Zufahrtsverhältnisse, Baugrund etc. allen Anforderungen, welche an einen solchen Platz gestellt werden. Das zu diesem Zwecke erworbene Grundstück hat eine Fläche von 12 ha und wird auf der einen Seite vom Limmatfluss, auf der gegenüberliegenden Seite vom Gebiete der Nordostbahn begrenzt.

Das Werk wird allmählich in vier Etappen für eine Leistungsfähigkeit von je 25—30000 cbm Tagesproduction ausgebaut. Bis Ende 1899 wird die Anlage zur Hälfte ausgebaut sein. Dabei sind einige Hochbauten so angelegt, dass dieselben gleich für 100000 cbm tägliche Production dienen werden. Es sind dies das Reglerhaus, das Maschinenhaus mit Kraftcentrale und Pumpenanlage mit Reservoirthurm und das Dampfkesselhaus mit Ammoniakfabrik und Werkstattgebäude. Ferner ist bereits das ganze Areal kanalisirt, und im Weiteren ist eine Trink- und Brauchwasserversorgung für die voll ausgebaute Anlage erstellt.

In der südöstlichen Ecke des Fabrikareals befinden sich ein Verwaltungsgebäude mit Bureaux und Wohnungen, westlich davon Wohngebäude für Beamte, Gasmeister etc. In nächster Nähe dieser Wohnungen befindet sich der Eingang zur Gasfabrik mit Portierhäuschen und Fuhrwerkswaage. Auf dem Landcomplex zwischen der Fabrik und dem Nordostbahngebiet beabsichtigt die Stadtbehörde eine Arbeitercolonie zu gründen.

Da die Gasfabrik ca. 1,5 km von der Bahnstation entfernt angelegt werden musste, wurde eine Geleiseanlage erstellt, welche den Bahnverkehr von und nach der Station Schlieren vermittelt. Das Geleise ist Eigentum der Stadt, ebenso eine zum Rangiren dienende 100 PS-Lokomotive, welche mit Coke gefeuert wird.

Wir schicken hier voraus, dass bei der Disposition der ganzen Anlage auf den mechanischen Transport von Kohlen sowohl als auch Coke Rücksicht genommen wurde. Die Verbringung der Kohlen vom Waggon in den Kohlenschuppen und Magazinirung daselbst geschieht vermittelst dreier Hunt'scher Elevatoren von je 30 t stündlicher Leistungsfähigkeit, verbunden mit drei automatischen Bahnen gleichen Systems und von derselben Leistungsfähigkeit (Tafel XII).

Der Kohlenschuppen hat eine Länge von 152 m und eine Breite von 30 m und fasst rund 15000 t. Er ist in drei Hauptmagazine eingeteilt, welche nach System Rothenbach mit schrägen Böden angelegt sind.

Der Transport der Kohlen vom Kohlenmagazin nach dem direct daran angebauten Retortenhaus geschieht ganz automatisch. Ein automatisch arbeitender Materialspender gibt die Kohlen, die er dem Kohlenmagazin entnimmt, nach den Längsförderrinnen ab. Von diesen aus gelangt die Kohle in eine der drei Querförderrinnen, welche dieselbe wiederum an Elevatoren abgeben. Diese heben die Kohlen auf die Höhe der hinter den Oefen befindlichen Kohlenreservoirs, welch' letztere hinwieder durch einen automatisch arbeitenden Kratzertransporteur gefüllt werden.

Da nur Nusskohlen oder gebrochene Stückkohlen magazinirt werden, gelangte zwischen den Fülltrichtern der Hunt'schen Elevatoren ein Kohlenbrecher zur Aufstellung, in welchem die Kohlen direct vom Waggon aus zerkleinert werden.

Der Antrieb dieser sämmtlichen Transporteinrichtungen geschieht durch Elektromotoren.

Im Ofenhaus (Tafel XII), welches eine Länge von 150 m und eine innere Breite von 14,5 m besitzt, sind 4 Batterien à je 8 Oefen aufgestellt. Jeder Ofen hat 9 schrägliegende Retorten von 3,5 m Länge.

Die Cokeentnahme geschieht bei den Batterien I und II in der Weise, dass die Coke direct in bereitstehende Rollwagen hineinfällt, in denen sie zunächst vermittelst Brause abgelöscht wird. Auf einem Rollbahngeleise wird die Coke nach der Cokehalle zur Cokeaufbereitungs-Anlage geführt, welche so angelegt ist, dass die Coke unmittelbar in bereitstehende Fuhrwerke oder Eisenbahnwaggons verladen, oder aber vermittelst einer Transportanlage in der grossen Cokehalle magazinirt werden kann. Für die Batterien III und IV ist die Anlage einer Brouwer'schen Rinne in Ausführung begriffen. Diese Rinne gibt ihre Coke ebenfalls direct in Fuhrwerke bezw. Eisenbahnwagen oder auf der bereits genannten Transportanlage in die Cokehalle ab.

Zur Beschickung der Generatoren dient eine Hängebahnanlage. Die Wagen derselben werden vermittelst eines elektrischen Aufzuges auf den Flur des Retortenhauses hinuntergelassen, wo sie direct von den Rollbahnwagen aus mit Coke gefüllt werden.

Wir heben hervor, dass die erwähnten mechanischen Transportmittel seit der Inbetriebsetzung des Werkes, d. h. seit 15. November vorigen Jahres, tadellos arbeiten, und einen billigen, von der Fähigkeit der einzelnen Arbeiter unabhängigen Betrieb ermöglichen. Dank der vervollkommneten Kohlen- und Coketransport-Einrichtungen werden nunmehr die mühsamsten und unangenehmsten Verrichtungen, welche früher den Ofenhausarbeitern oblagen, auf mechanischem Wege bewerkstelligt und damit die Anforderungen an die Arbeiter auf ein bescheidenes Maass herabgemindert.

Direct an das Retortenhaus angebaut ist ein Arbeitergebäude, welches im ersten Stock die Bureaux für Gasmeister und Aufsichtspersonal, einen Speisesaal für 60 Mann, Gasküche, Waschraum und Sanitätszimmer enthält. Im Parterre befindet sich eine Brausebäderanlage mit 24 Zellen, 3 Wannenbäder, Aborte, Keller etc.

Vom Ofenhaus führen 2 Betriebsrohrleitungen, je für ein System von 25 000 cbm pro 24 Stunden, nach dem Apparatengebäude, welches aus 3 getrennten Räumen besteht und woselbst, für 2 Systeme, folgende Apparate zur Aufstellung gelangt sind:

a) Im Kühlerraum:

2 Luftkühler von 1,25 m innerem und 1,5 m äusserem Durchmesser, 6 m Höhe, mit je 4 Scheidewänden;

2 gusseiserne Wasserkühler, System Reutter, mit 7 Etagen, von 1,36 × 1,45 m Grundfläche (Etagenhöhe 0,87 m).

b) Im Gassaugerraum:

3 Gassauger von je 1500 cbm stündlicher Leistung bei 80 Umdrehungen in der Minute, 400 mm Stutzenweite. Für jedes System ist ein Gassauger aufgestellt; der dritte dient als Reserve. Diese Exhaustoren sind direct mit Dampfmaschinen gekuppelt, welch' letztere ausserdem noch die Luftpumpe für die Regeneration der Reinigungsmasse treiben.

Zur Regulirung der Dampfmaschinen für die Gassauger sind in demselben Raume aufgestellt:

3 Hahn'sche Regler und

2 Umlaufregler.

c) Im Wascherraum:

2 Condensationsapparate, System Drory, mit Umgangsklappe, tägliche Leistung 30 000 cbm;

3 Standardwascher mit einer Leistung von ebenfalls 30 000 cbm in 24 Stunden. Einer dieser Standardwascher dient auch hier als Reserve.

Sämmtliche Theer- und Ammoniakwasserabläufe sind mit sichtbaren, durch Glas abgeschlossenen Ueberläufen versehen.

Unmittelbar an's Apparatenhaus schliessen sich die Theer- und Ammoniakwassergruben an.

Vom Apparatenhaus nach dem Reinigergebäude führen 2 Betriebsrohre mit einer lichten Weite von 450 mm je zu einem Reinigersystem von 3 Reinigerkasten à 56 qm Grundfläche (Tafel XII).

Dem Transport der Reinigermasse von den Reinigern nach den Regenerationsräumen und umgekehrt dient eine Hängebahnanlage, deren Construction ausserdem auch den Verkehr von dem einen Reinigersystem zum andern ermöglicht.

Vom Reinigergebäude führen wiederum 2 Betriebsrohre nach dem Gasmesser- und Druckreglergebäude, woselbst das Gas zwei Stationsgasmesser von je 25 000 cbm täglicher Leistung passirt (Tafel XII).

In diesem Gebäude sind ferner aufgestellt ein Benzolverdampfungsapparat zur Carburirung des Gases und ein Spiritusverdampfungsapparat zur Verhütung des Einfrierens der Gasleitungen.

Aus dem Uhren- und Reglerhaus gelangt das Gas durch je 700 mm weite Eingangsrohre in die zweifach telescopirten mit Eisenbassin versehenen Gasbehälter und von da aus in einem Rohre von 1000 mm innererem Durchmesser nach einem Vordruckregulator und schliesslich von demselben aus durch den automatisch arbeitenden Stadtdruckregler in die nach der Stadt führende Hauptleitung, welch' letztere ebenfalls 1 m inneren Durchmesser hat.

In der Mitte des ganzen Fabrikareals erhebt sich der grosse, zuoberst mit einer Uhr versehene Wasserthurm mit daran angebauter Kraftcentrale (Tafel XII). In demselben sind untergebracht: im 1. Stock 2 grosse Theerbehälter à 10 cbm Inhalt, von welchen aus der Theer direct in die Cisternenwagen abgelassen werden kann; im 2. Stock eine Theerschleuderanlage; im 3. Stock Ammoniakbehälter für leichtes und schweres Ammoniakwasser; im 4. Stock 2 Brauchwasserreservoirs à 20 bezw. 10 cbm Inhalt.

In der Kraftcentrale sind untergebracht 2 horizontal liegende Compound-Dampfmaschinen von je 80 PS., welche mit Riemenübertragung zwei 80 PS.-Dynamos treiben. Letztere erzeugen Kraft und Licht zur Versorgung der gesammten Anlage. Wie aus dem Situationsplan ersichtlich, ist die spätere Aufstellung einer 200 PS.-Dampfmaschine vorgesehen.

An den Maschinenraum anschliessend befindet sich der Pumpenraum, in welchem vorläufig 3 Ammoniak- und 2 Theerpumpen aufgestellt sind. Ferner stehen dort 2 Wasserpumpen, welche aus einem ca. 50 m entfernten Pumpschacht stündlich 22 cbm Grundwasser heben. Im Anbau an die Kraftcentrale ist ein Laboratorium, ein Photometerraum und ein Magazin placirt.

Gegenüber der Kraftcentrale steht das Dampfkesselhaus (Tafel XII), welches durch einen unterirdischen begehbaren Kanal mit dem Maschinenhaus verbunden ist. Im Kesselhause sind 3 Flammrohrkessel von je 90 qm Heizfläche, mit Cudlicz-Feuerung eingerichtet, untergebracht. Als Brennmaterial dienen die unverkäuflichen Cokeabfälle. Die Kessel versorgen folgende Maschinen mit Dampf: Die Dampfmaschinen für die Kraftabgabe, ferner die Dampfmaschinen für die Gassauger und Standardwascher, weiter die Ammoniakdestillation. Ferner werden vom Kesselhaus aus sämmtliche Gebäude sowie der Gasbehälter mit Dampf geheizt. Die Kessel haben im Weiteren die Badeanstalt und eine Anzahl Dampfstrahl-Elevatoren zur Hebung des Grundwassers mit Dampf zu versorgen.

Links und rechts sind symmetrisch an das Dampfkesselhaus angebaut die Ammoniakfabrik und die Schmiede- und Schlosserwerkstätte.

Die Wasserversorgung ist eine doppelte, nämlich eine Trinkwasserversorgung vom Dorfe Schlieren her durch eine Hochdruckleitung von 8 Atm., an welche Hydranten zu Feuerlöschzwecken angeschlossen sind, und eine Brauchwasserversorgung, welche allen übrigen Wasserbedarf reichlich deckt. Ein auf 6 m abgeteufter Pumpschacht liefert ohne weitere Absenkung des Grundwasserspiegels bis zu 4000 Minutenliter.

Für die Hofbeleuchtung und zur Innenbeleuchtung der Apparatenräume etc. dient elektrisches Bogen- resp. Glühlicht.

Die Leitungslänge des Hauptrohres nach der Stadt beträgt rund 4840 m. Diese Leitung besteht aus 3120 m Röhren von 1000 mm lichter Weite und 1720 m mit einer lichten Weite von 800 mm.

Sämmtliche Gebäude sind auf Kies fundirt, mit Ausnahme des Maschinenhauses und der Maschinen, für welche eine Pfählung nöthig war. Der Grundwasserstand ist verhältnissmässig ziemlich hoch. Bei tiefstem Wasserstande der Limmat stösst man immerhin bei 2 m Tiefe unter der Erdoberfläche auf das Grundwasser. Gegenüber dem ehemaligen Terrain beträgt die Planie, welche sich angesichts des hohen Grundwasserstandes als nothwendig erwies, 70 cm.

Wie aus dem Situationsplan hervorgeht, ist die Fabrikanlage gegen die Limmat hin sehr leicht zu verdoppeln; eine noch weitergehende Vergrösserung in späteren Jahren bietet ebenfalls durchaus keine Schwierigkeiten.

Die erste Grundrissdisposition für das Project wurde von Herrn Ingenieur Rothenbach entworfen und auch, mit Ausnahme einiger Abänderungen, für die Ausführung beibehalten.

Die ganze Anlage gelangte unter der Leitung des Unterzeichneten in 14½ Monaten zur Ausführung.

Zürich, Mai 1899.

A. Weiss.

Städtische Gasw

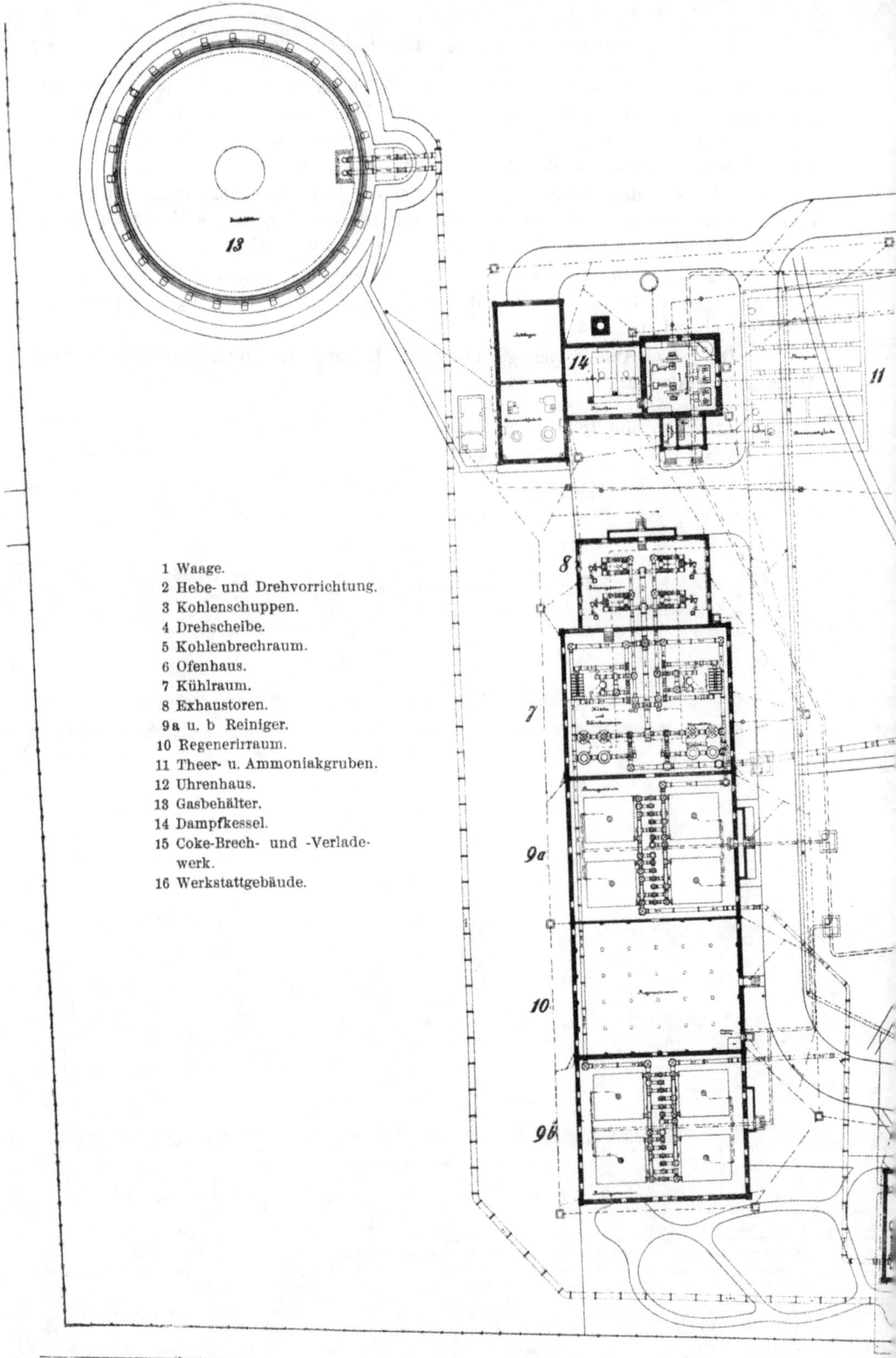

I. Hambäck.

ltona. (Maassstab 1 : 1000.) Tafel I.

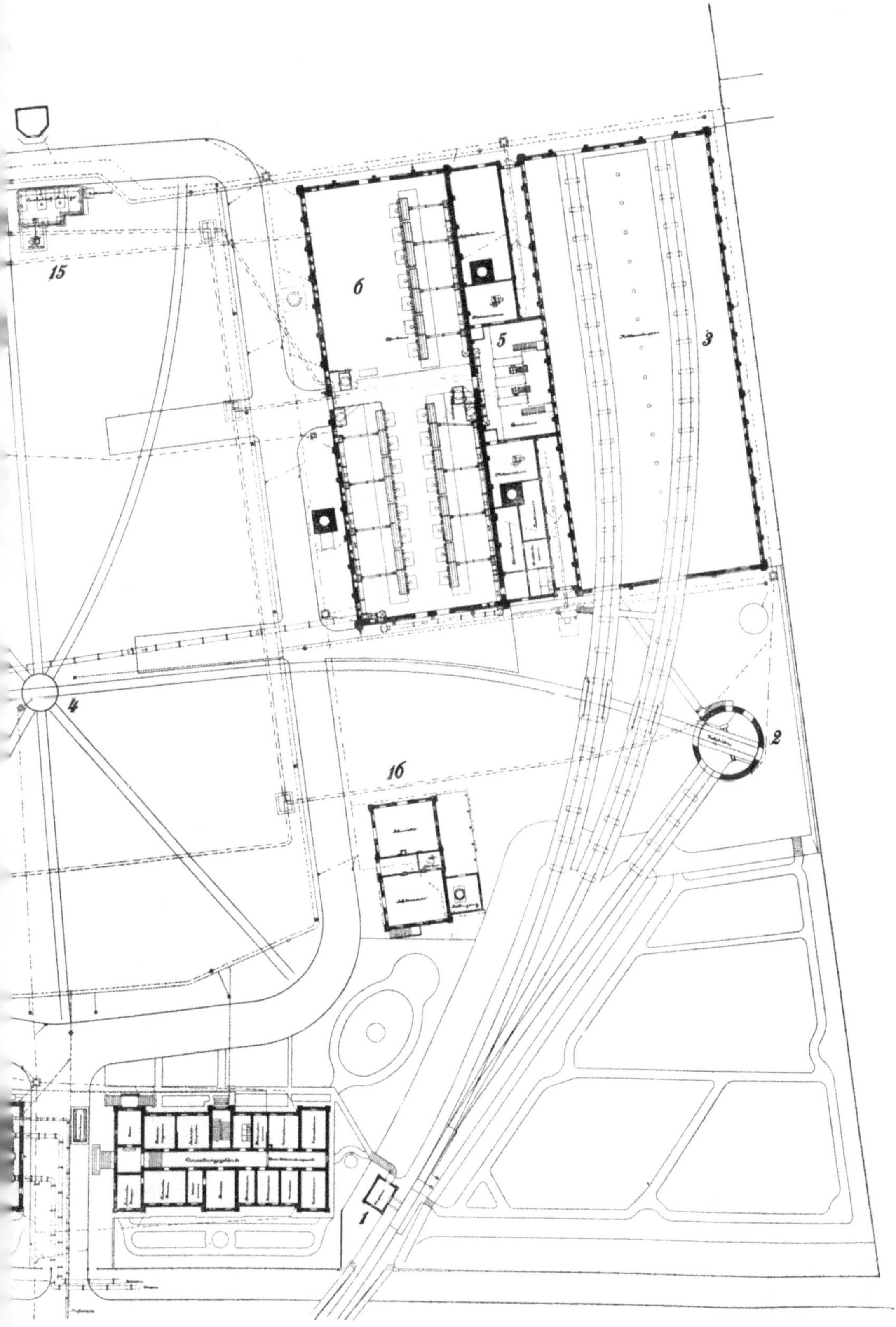

Situationsplan der städtischen

Fig. 1.

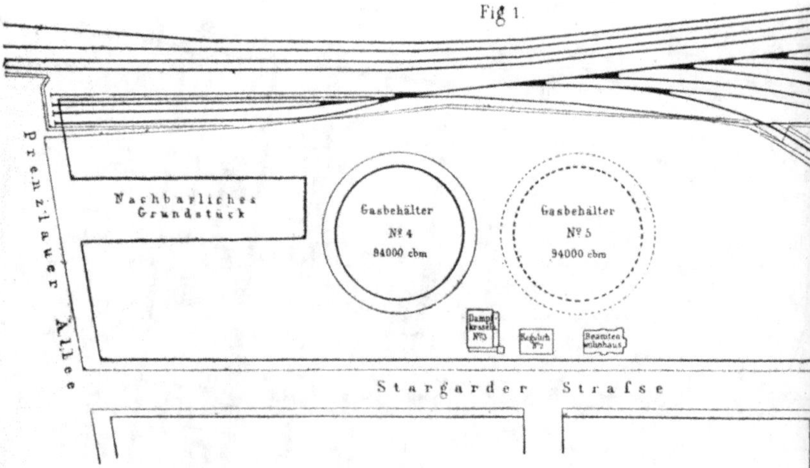

Fig. 2.

Situationsplan
der Gas-Anstalt am Stralauer Platz 1847-1849.

Fig. 3.

Situationsplan
der Gas-Anstalt am Stralauer Platz 1896.

(Maassst

Tafel II.

an der Danziger Strafse 1896.

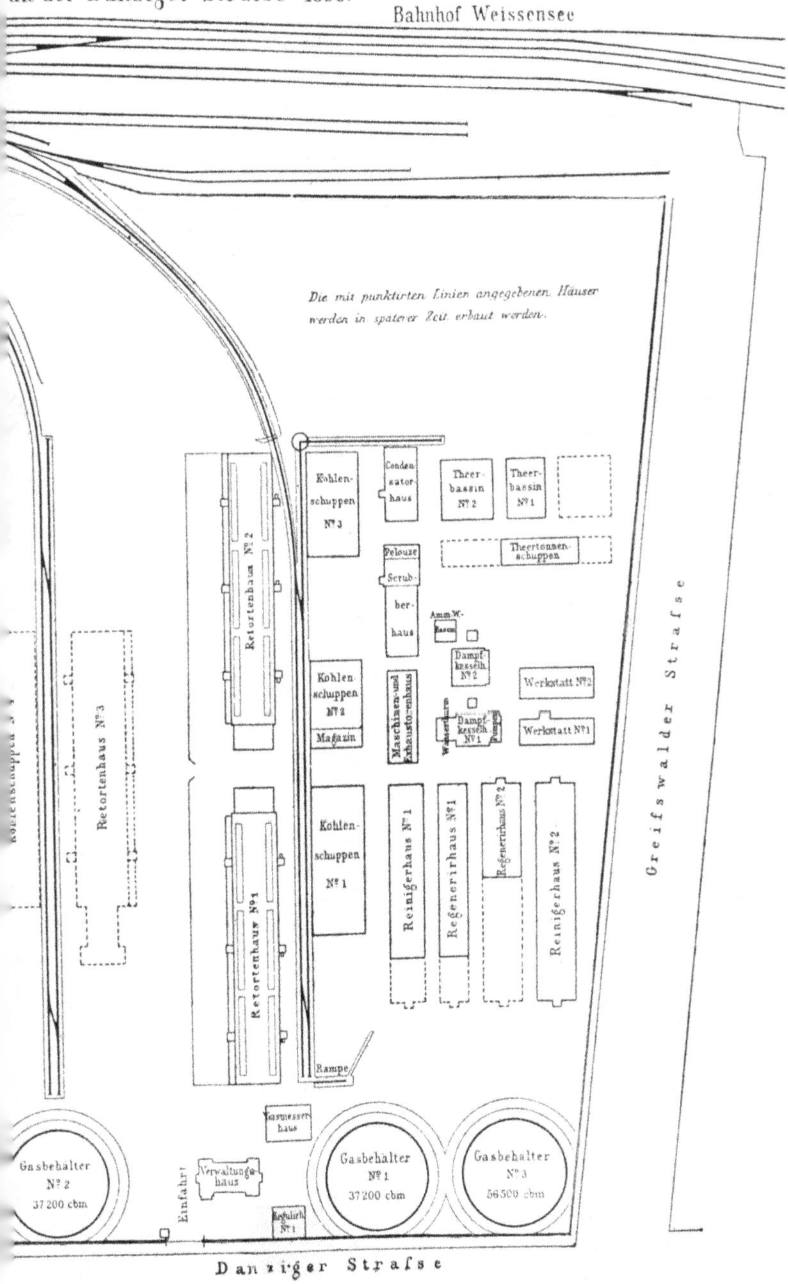

Städtische Gasanstalt bei S

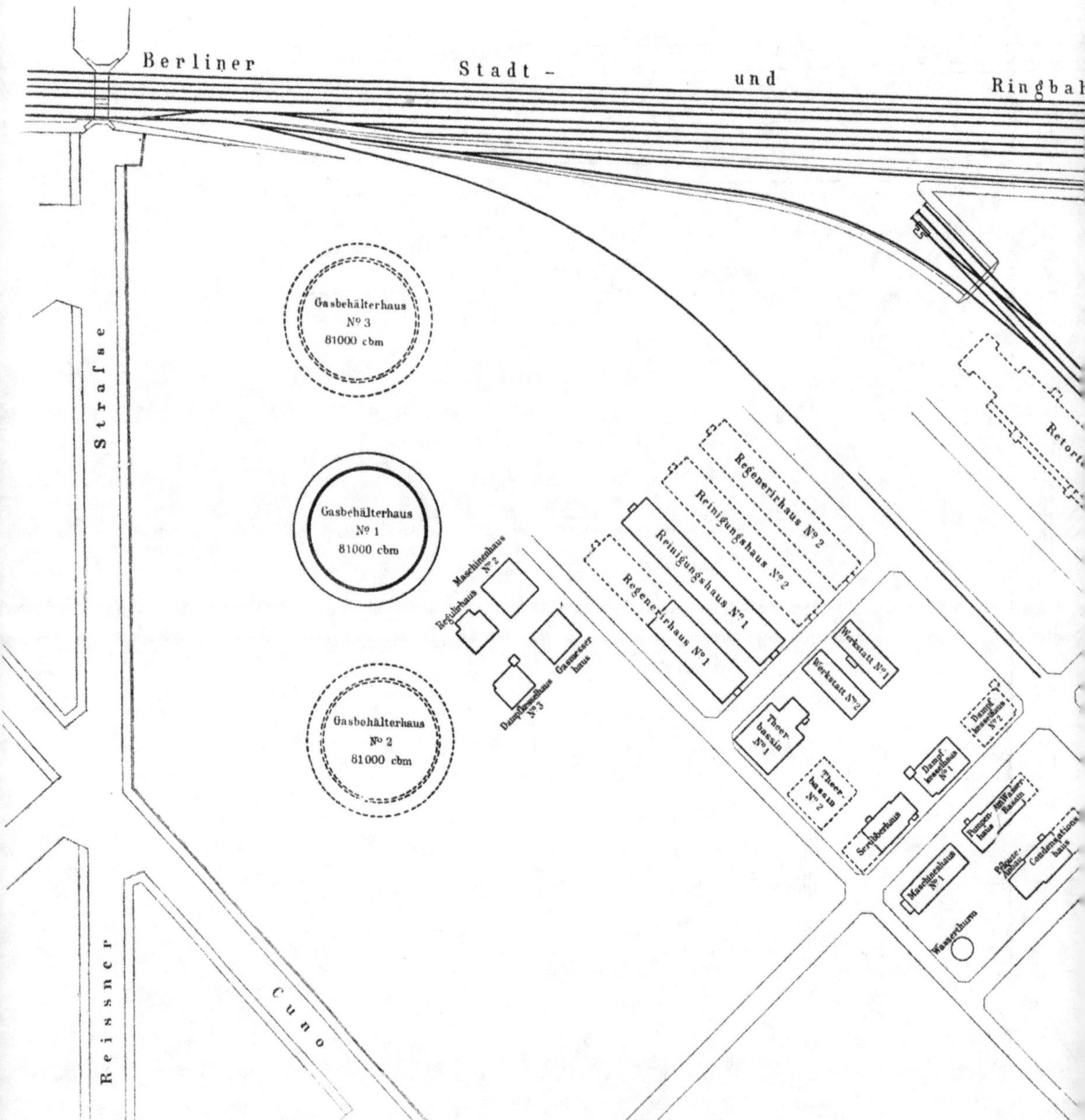

gendorf, Berlin. (Maassstab 1 : 3750). Tafel III.

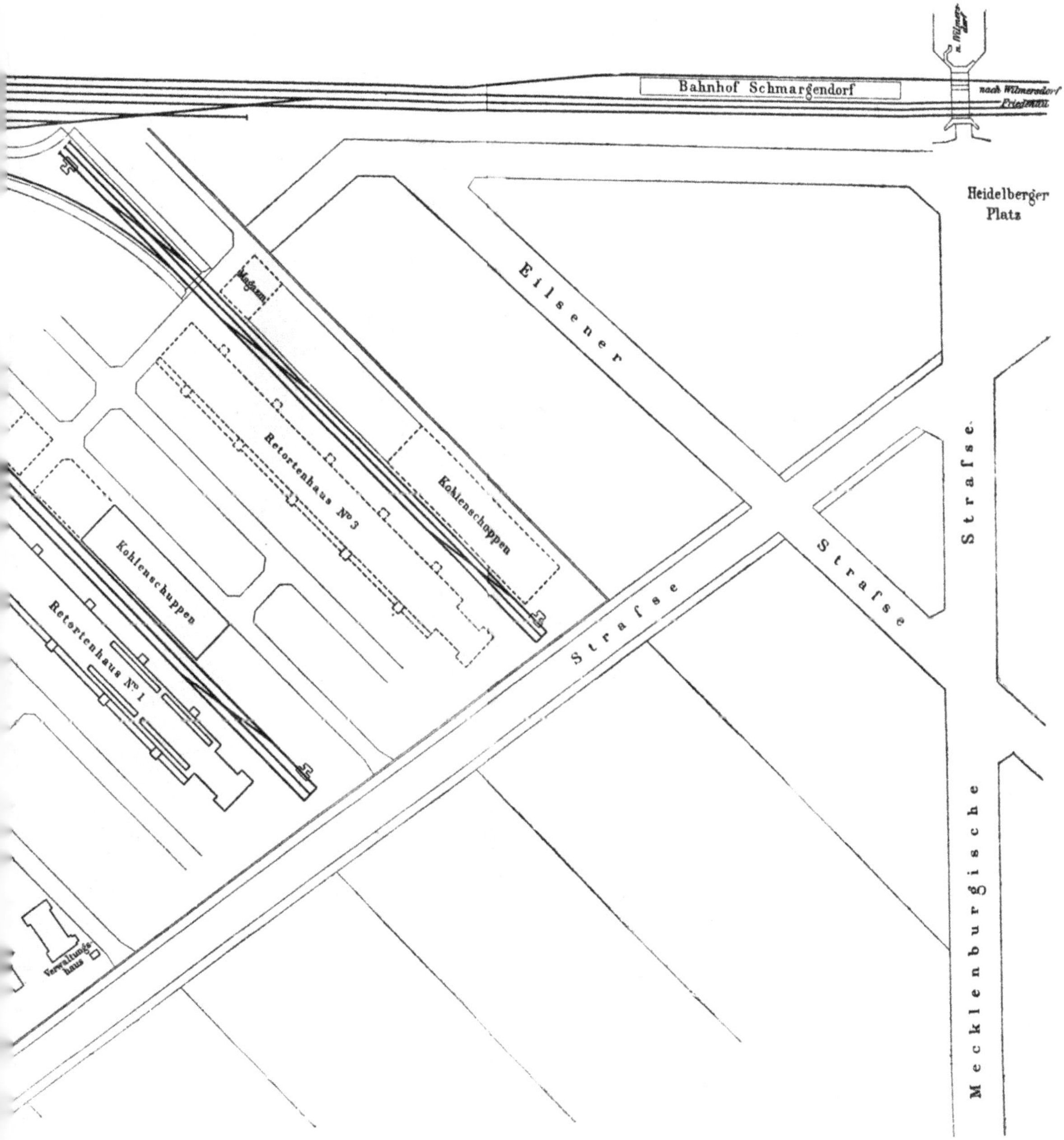

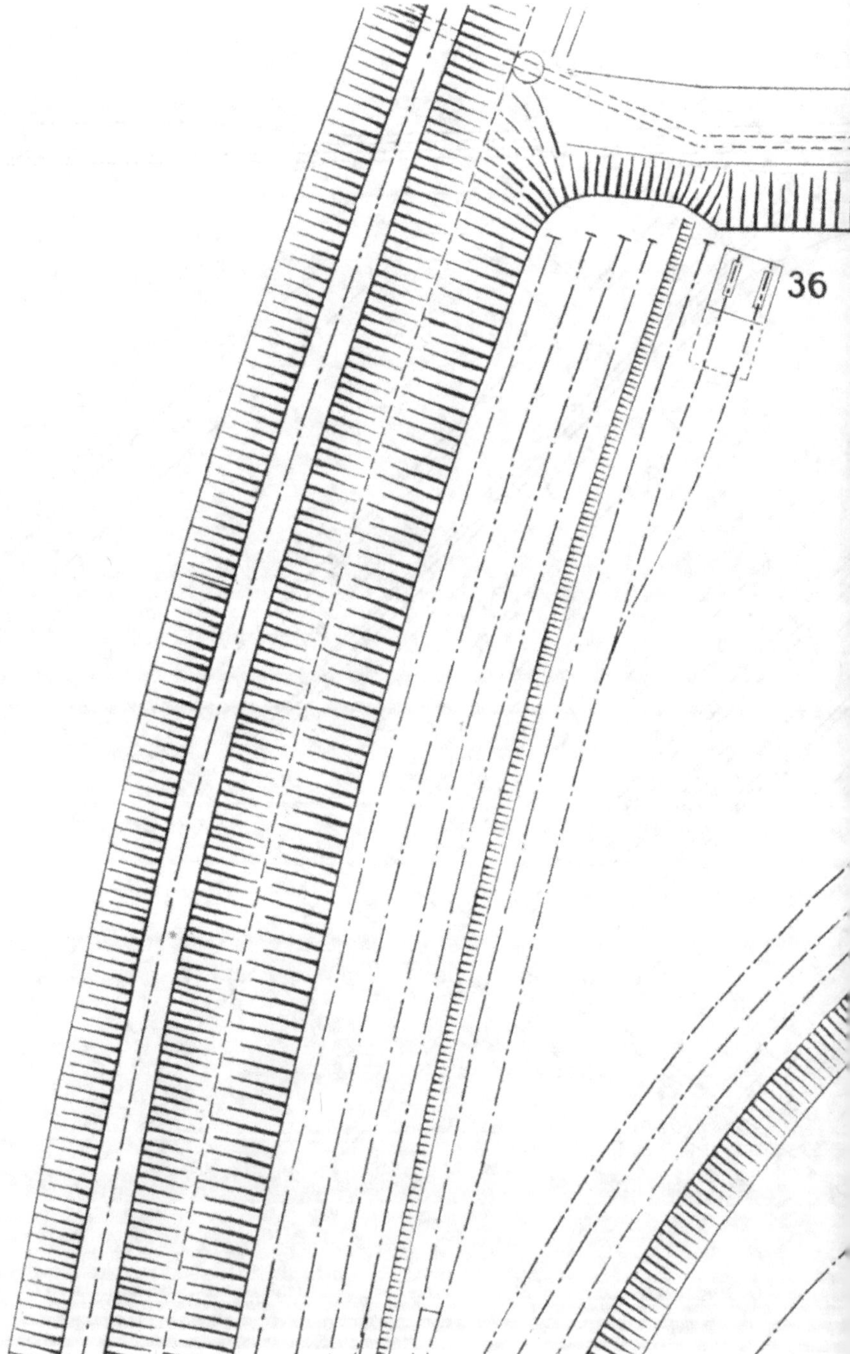
36

Project Gaswerk Bre

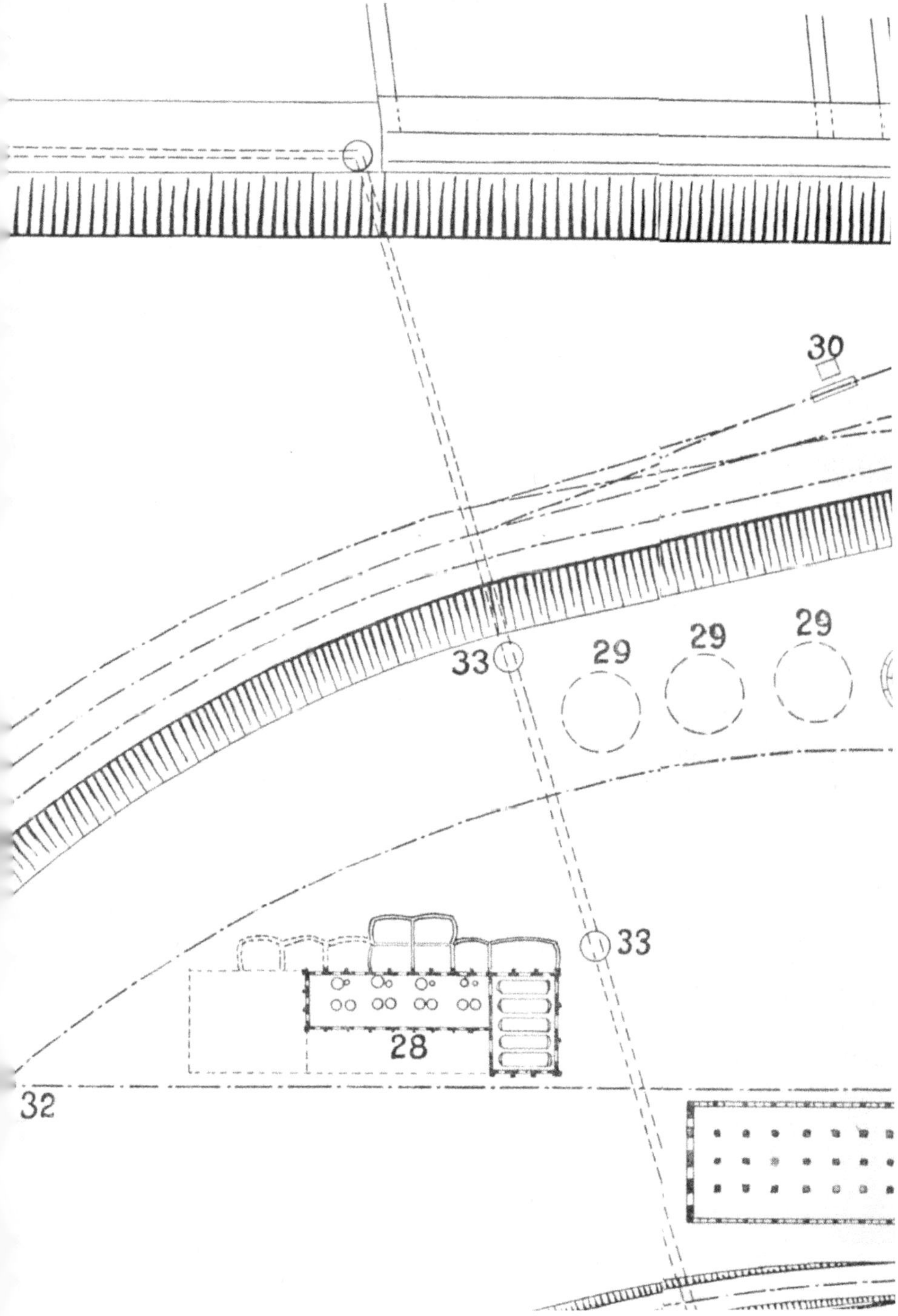

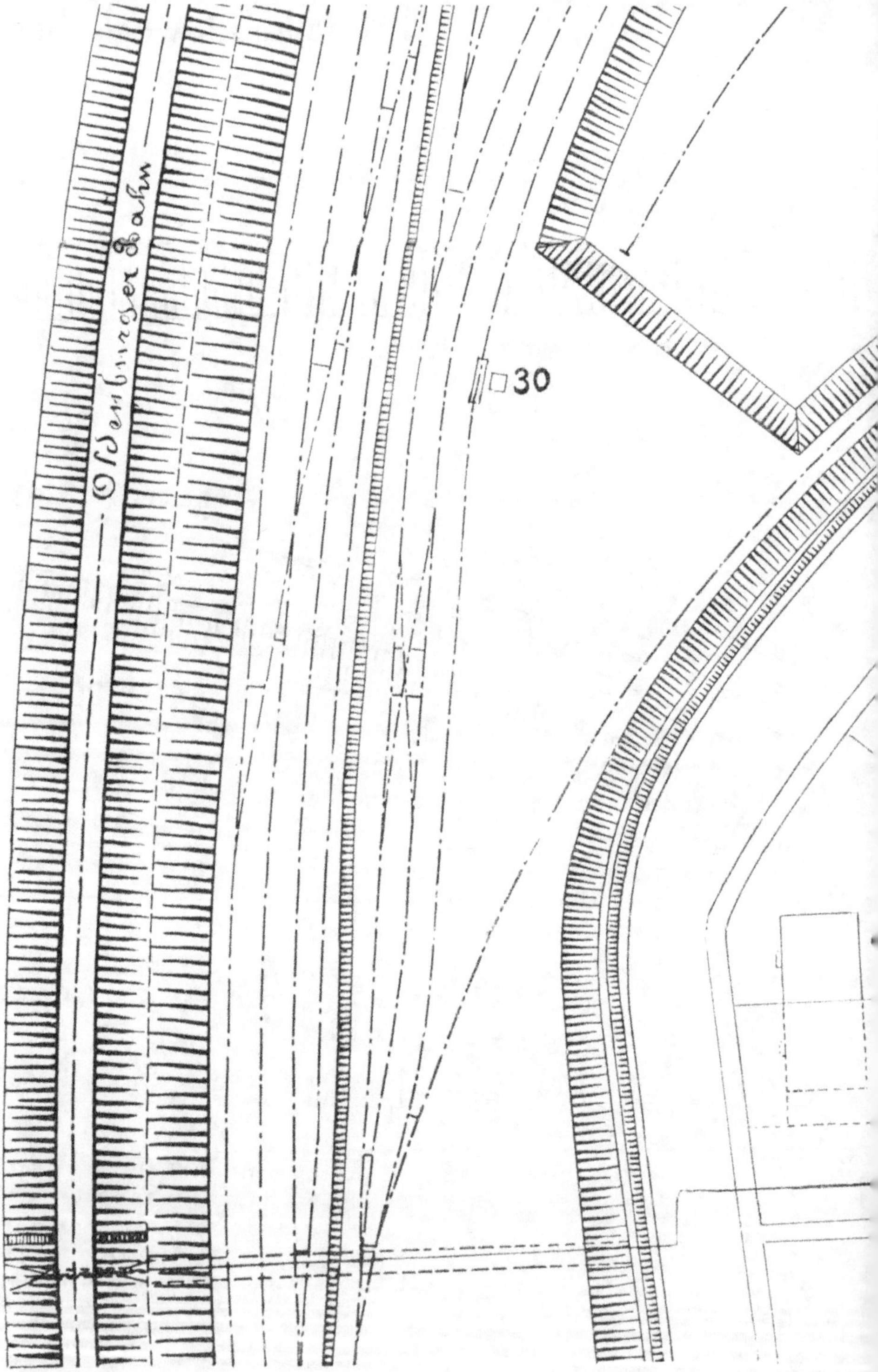
Oldenburger Bahn
30

33
25
26
26
26
24

men-Woltmershausen.

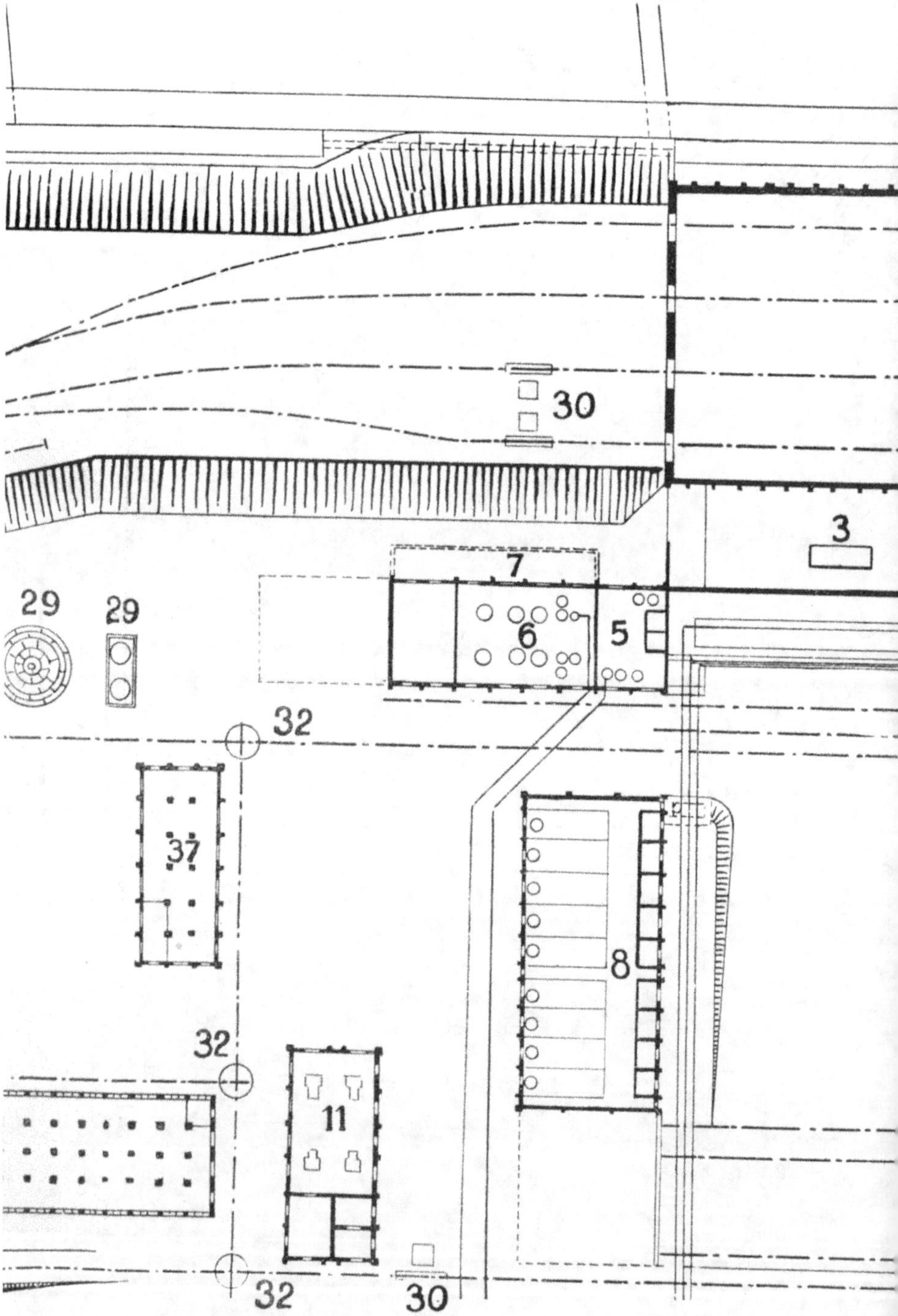

Tafel IV.

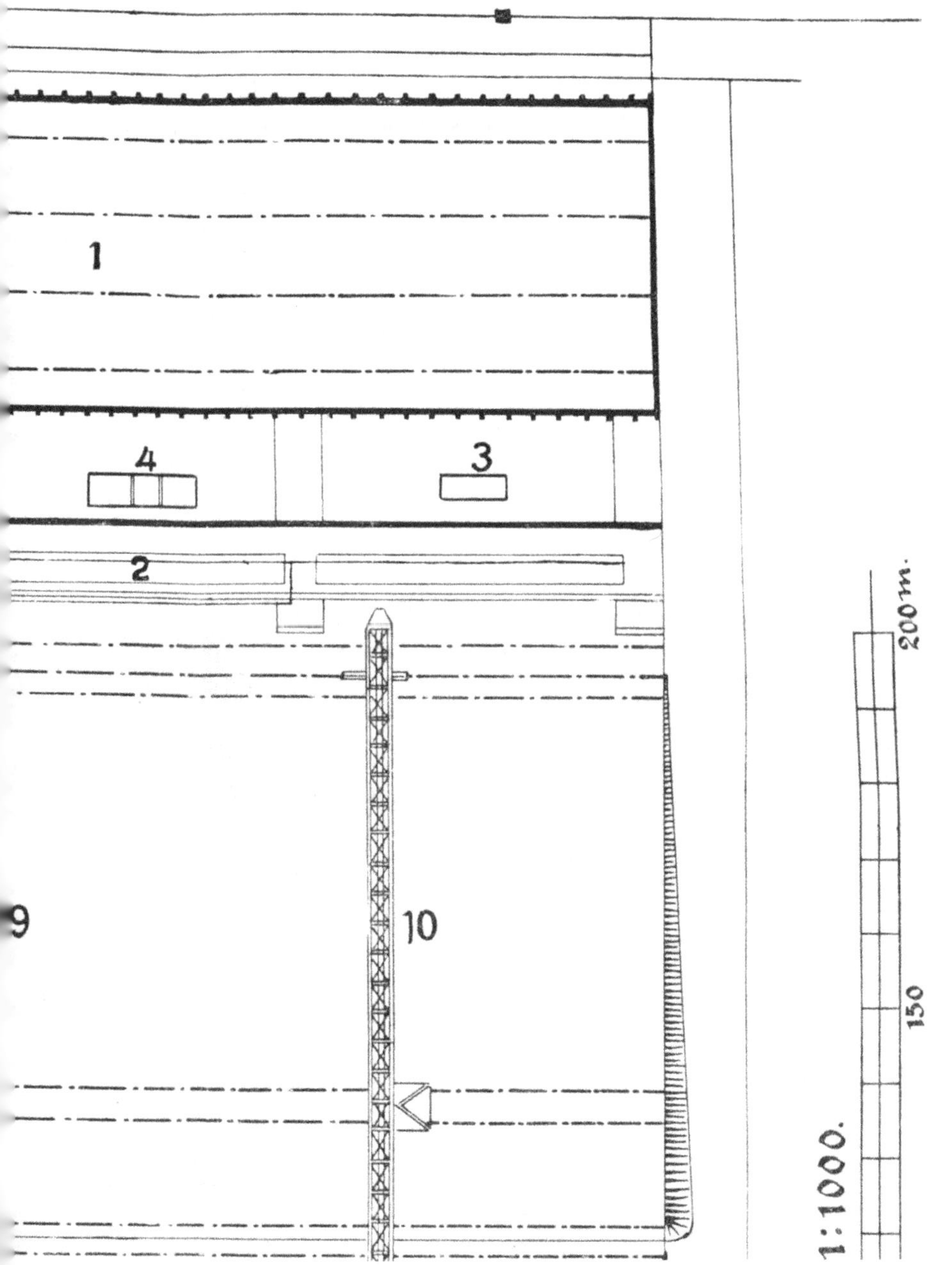

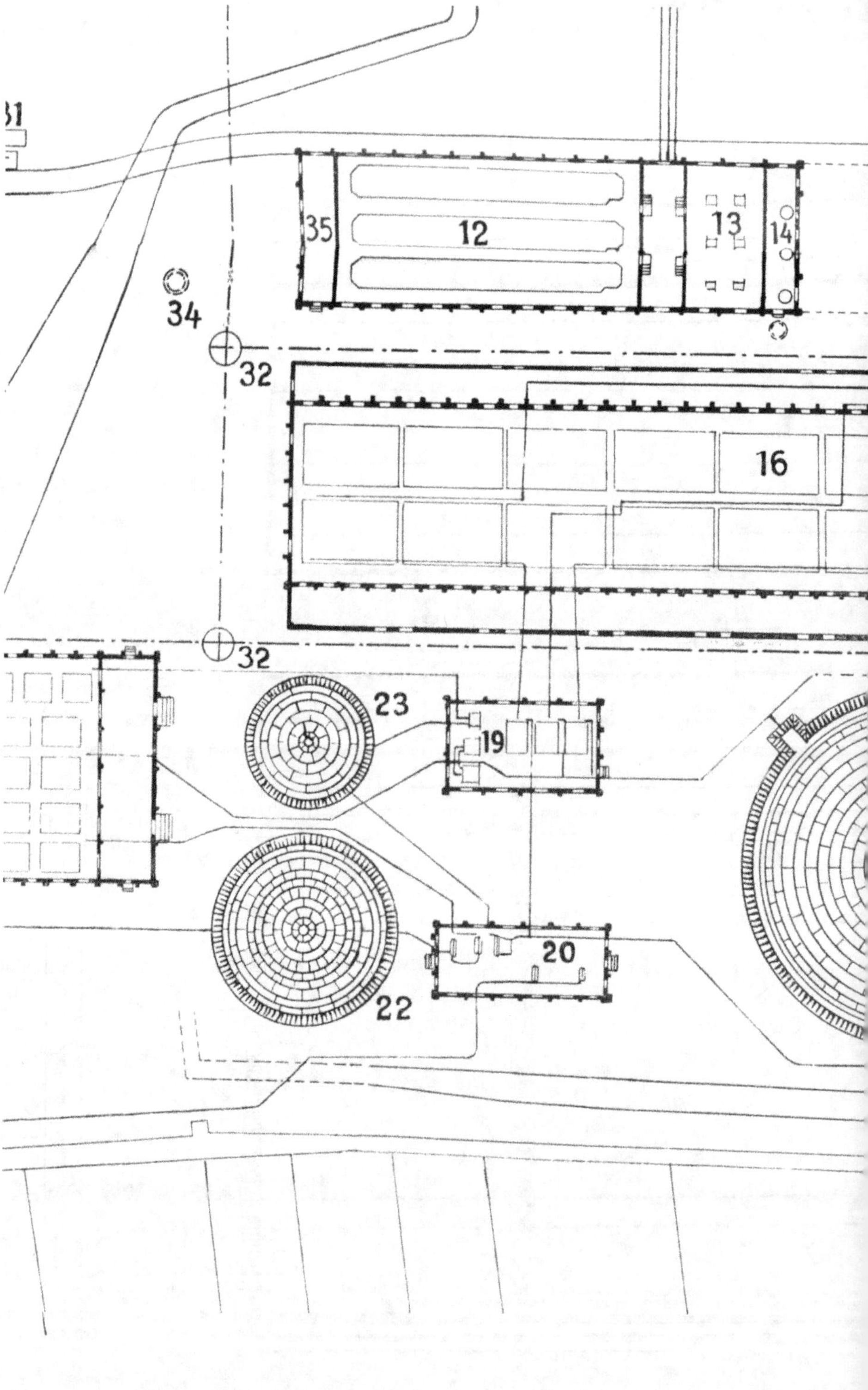

31
35
12
13
14
34
32
16
32
23
19
22
20

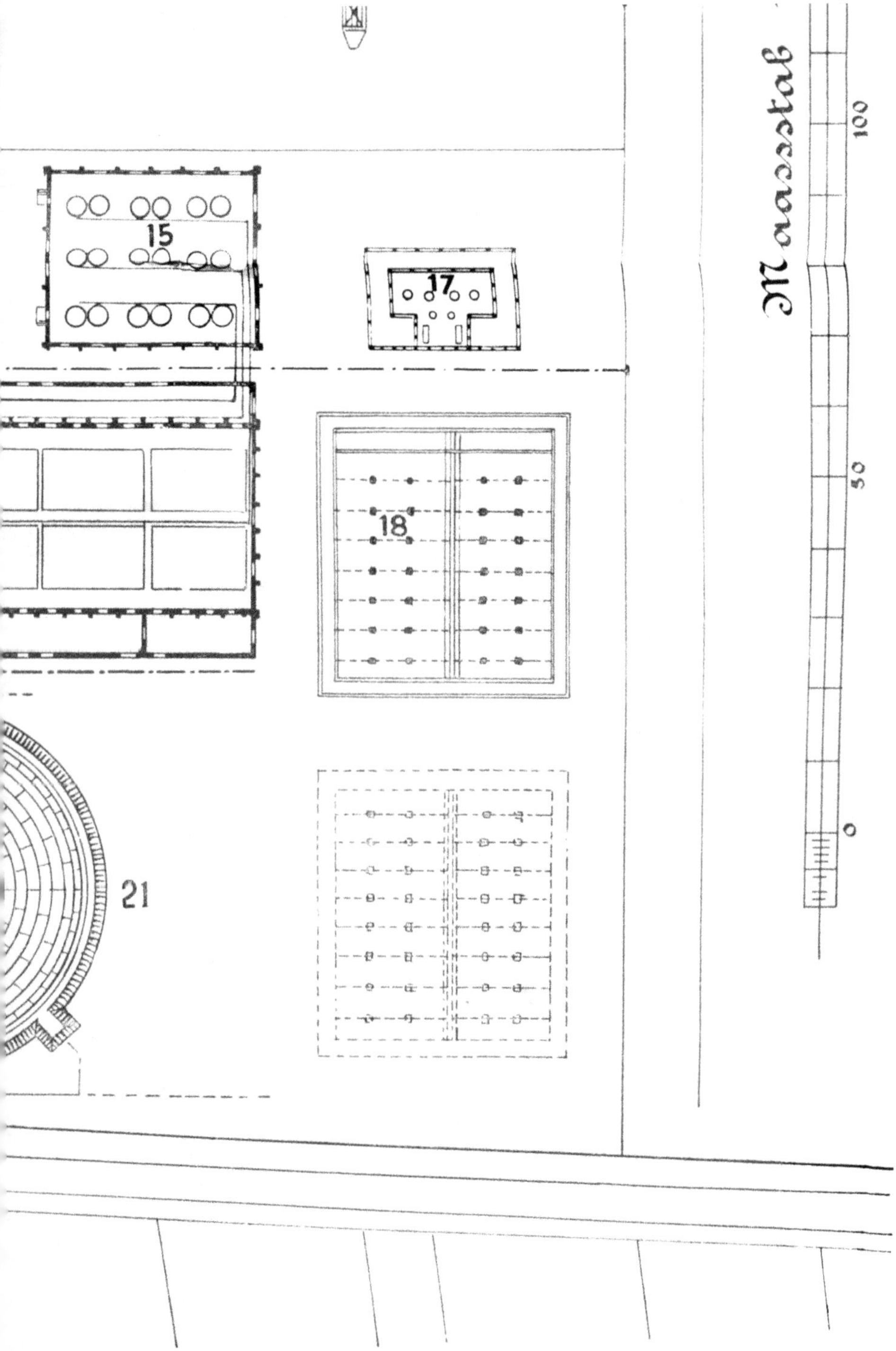
15
17
18
21
Maasstab
100
50
0

Bedeutung der Buchstaben:

A Kohlenschuppen.
B Ofenhaus.
C Cokeschuppen.
D Apparatehaus.
E Behälterthurm.
F Gruben für Theer und Ammoniak.
G Kesselhaus.
H Reiniger.
I Massenaufbereitung.
K Uhren- und Reglerhaus.
L Gasbehälter.
M Werkstättengebäude.
N Lagerhaus.
O Gasmeister- und Pförtnerhaus.
P Lokomotivschuppen.
Q Maschinenraum.
R Laboratorium.
S Bad.
T Aufenthaltsraum.
U Lager für Miethgaskocher.
V Abortanlage.
W Centesimalwaagen.
X Rohrlager.
Y Platz für eine Wassergasanlage.
Z Platz für die Erweiterung.

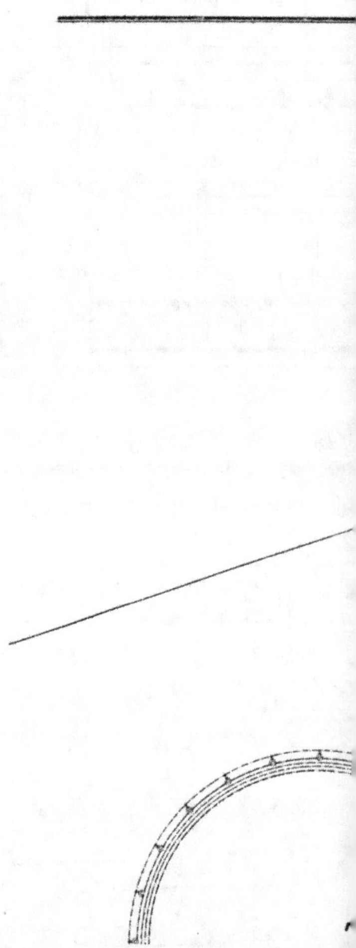

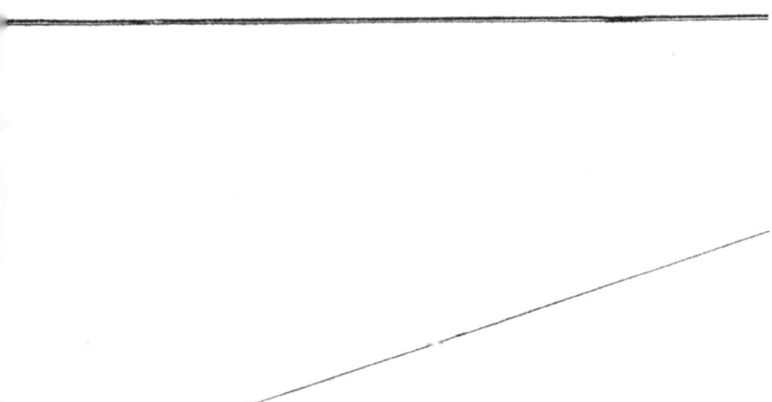
L
Z
K

a Brechwerk.
b Becherwerke.
c Transportkette.
d Kohlenbehälter.
e bestehende Ofenblöcke.
f zukünftiger Ofenblock.
g Coke-Schlepprinne.
h Motorhaus.
i Wasserröhren-Kühler.
k Reuther-Kühler.
l Theerscheider.
m Sauger.
n Ledig-Wascher.
o Dynamo.
p Pumpenanlage.
q Brunnen.
r Sammeltöpfe.
s Ammoniakleitung.
t Theerleitung.
u Wasserleitung.
v Dampfleitung.
x Dampffahrstuhl.

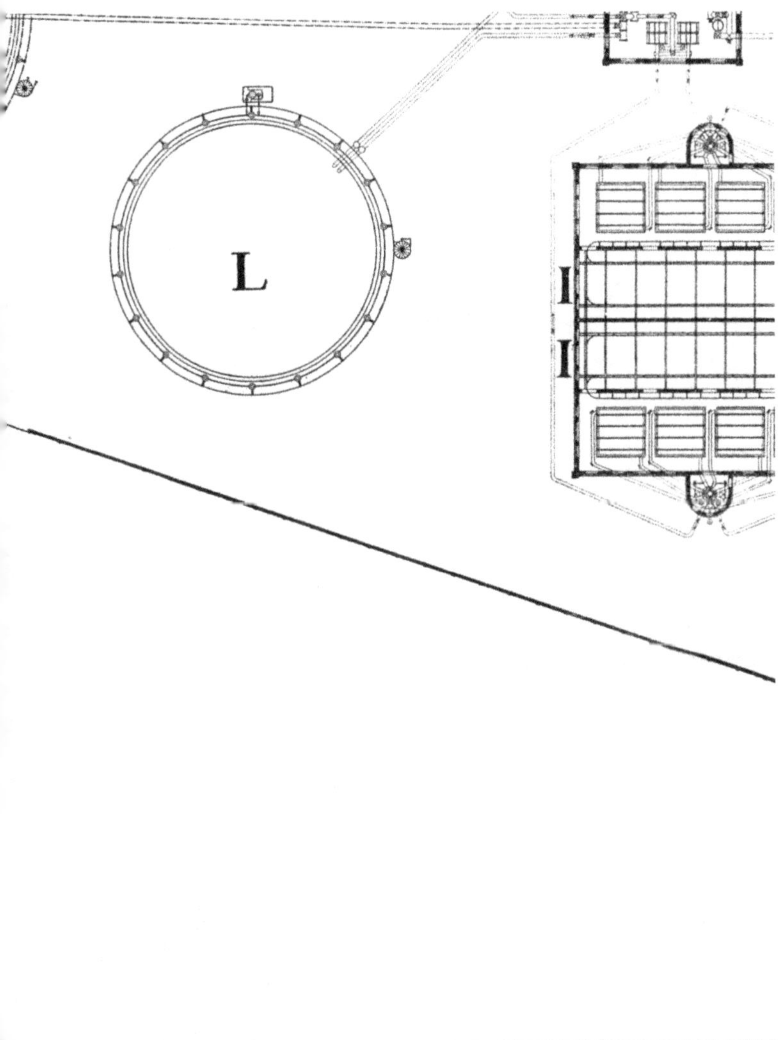
L
I
I

Gaswerk Cassel.

Maassstab 1 : 1000.

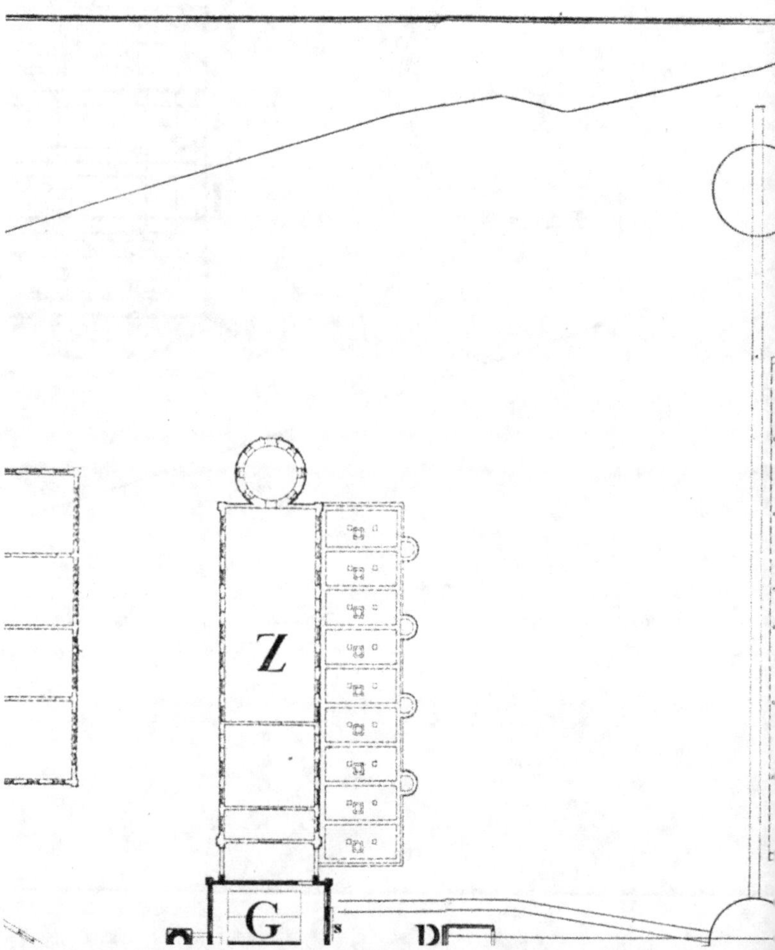

Tafel V.

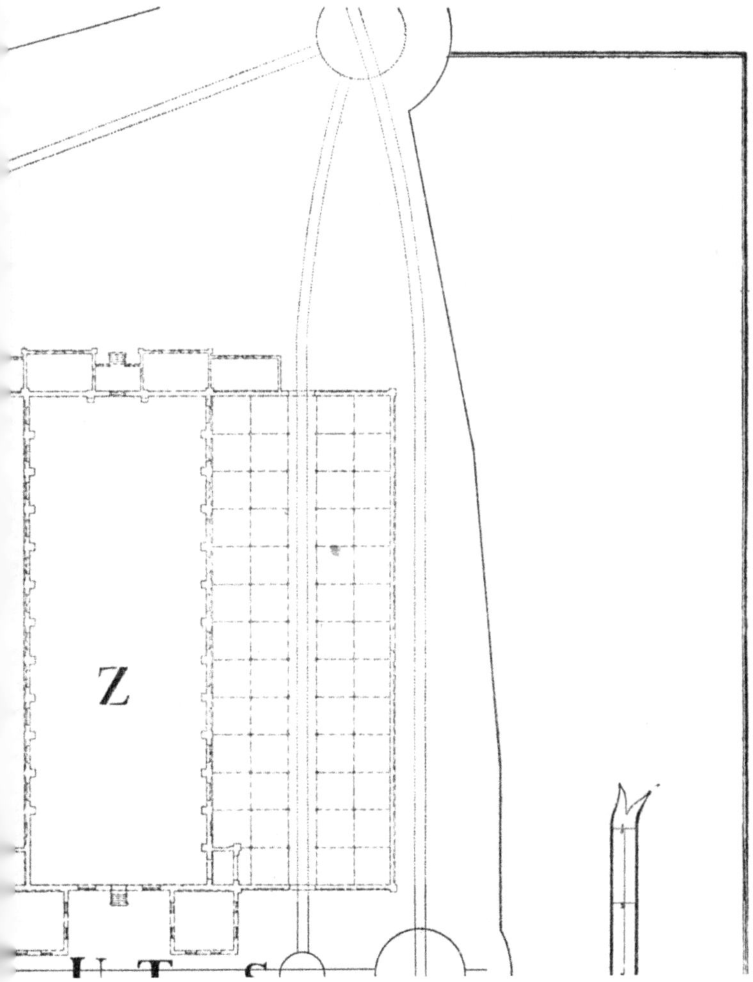

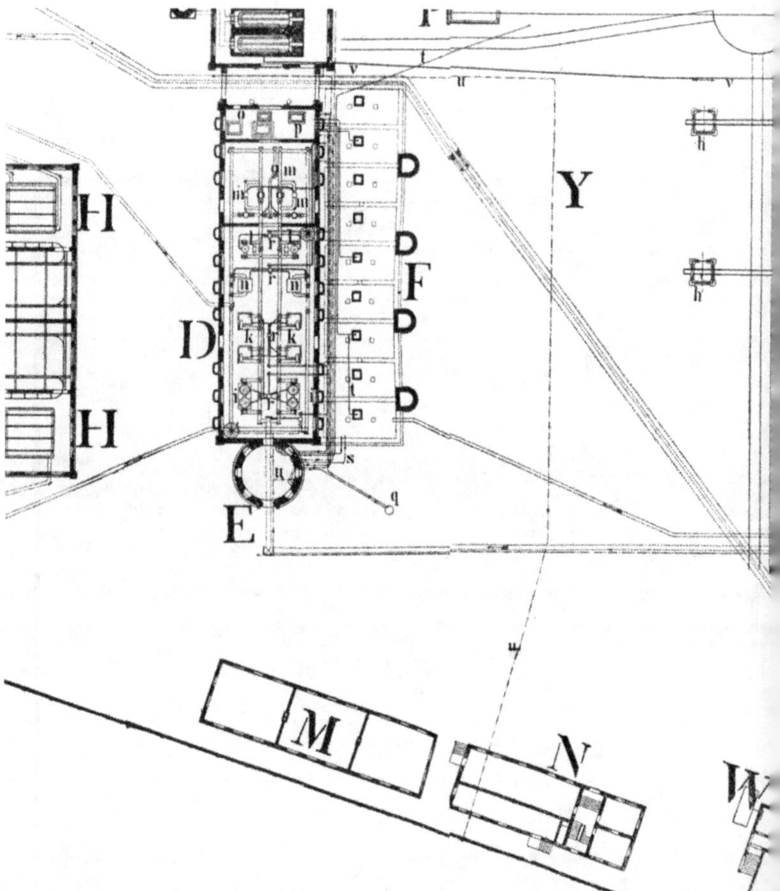
H
H
D
E
F
Y
M
N

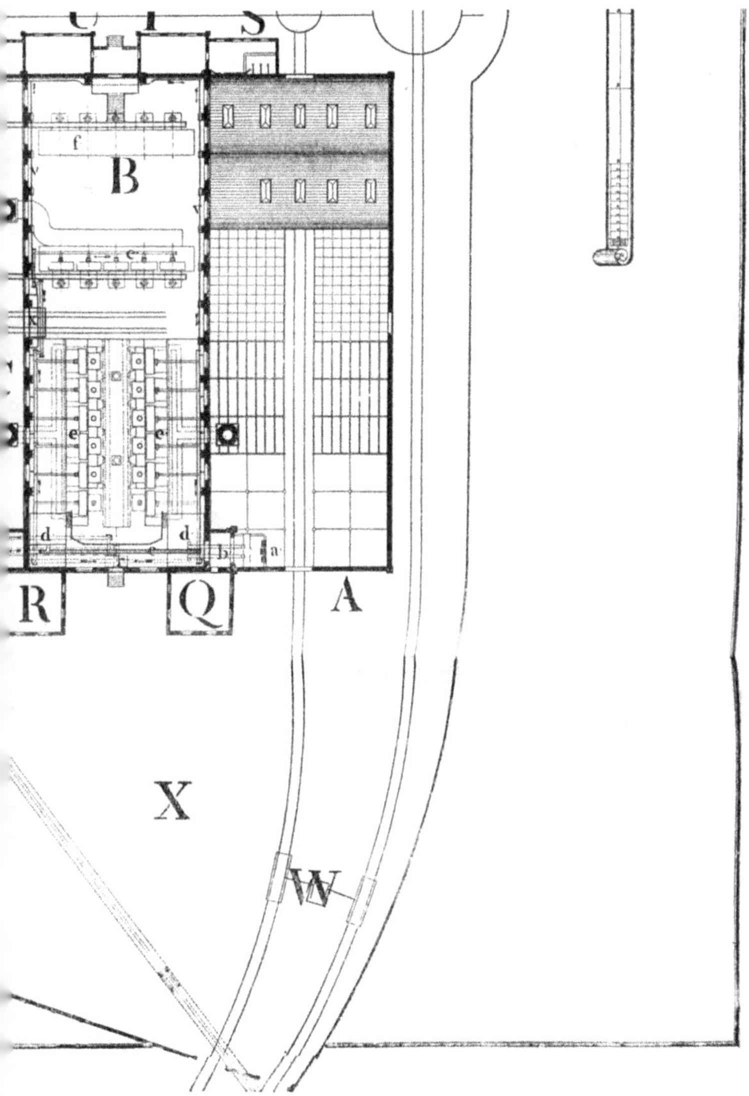
S
f
B
e
e
e
d
d
b
a
R
Q
A
X
W

Neue Gasfabrik

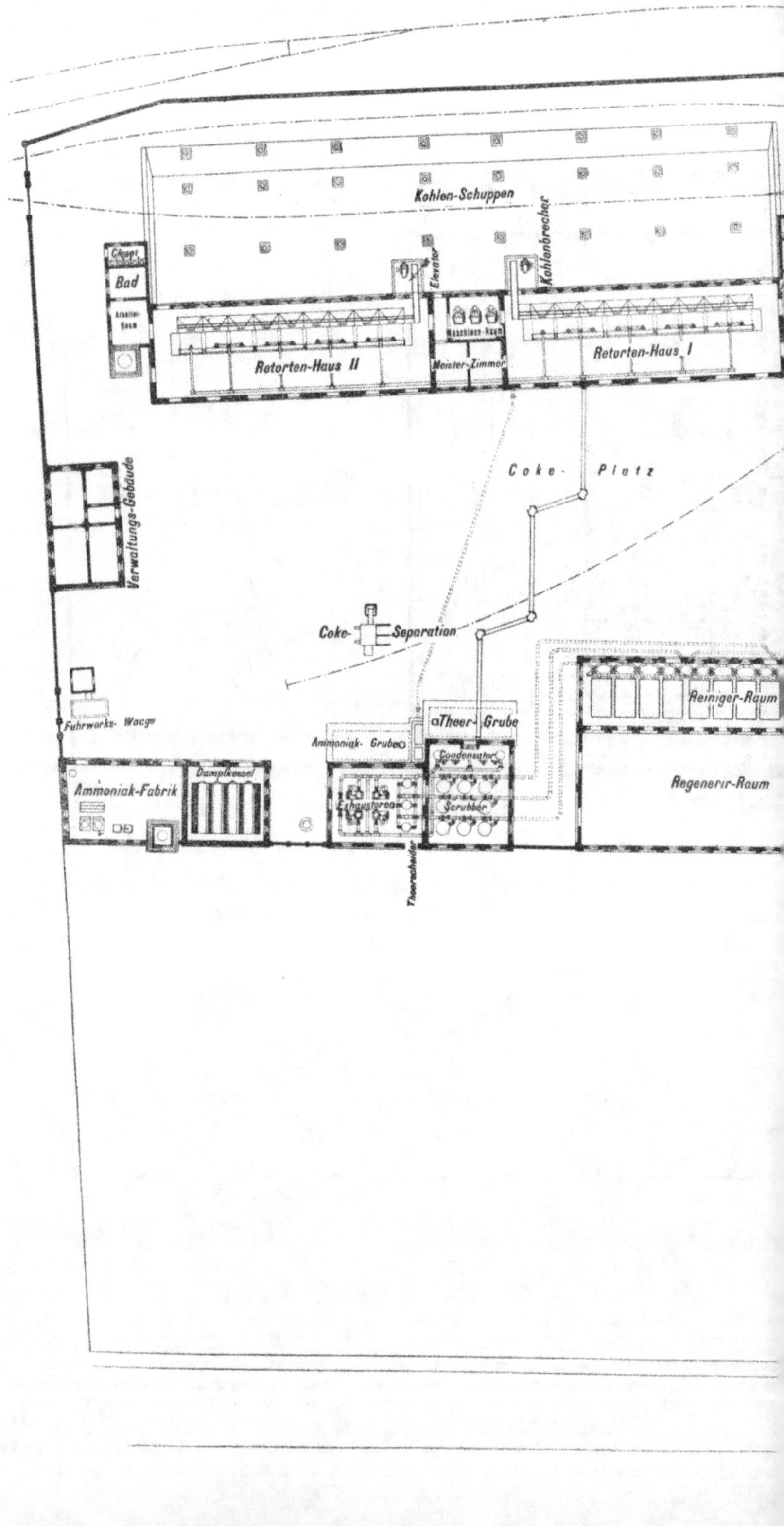

·nz. (Maassstab 1 : 1000.) Tafel VI.

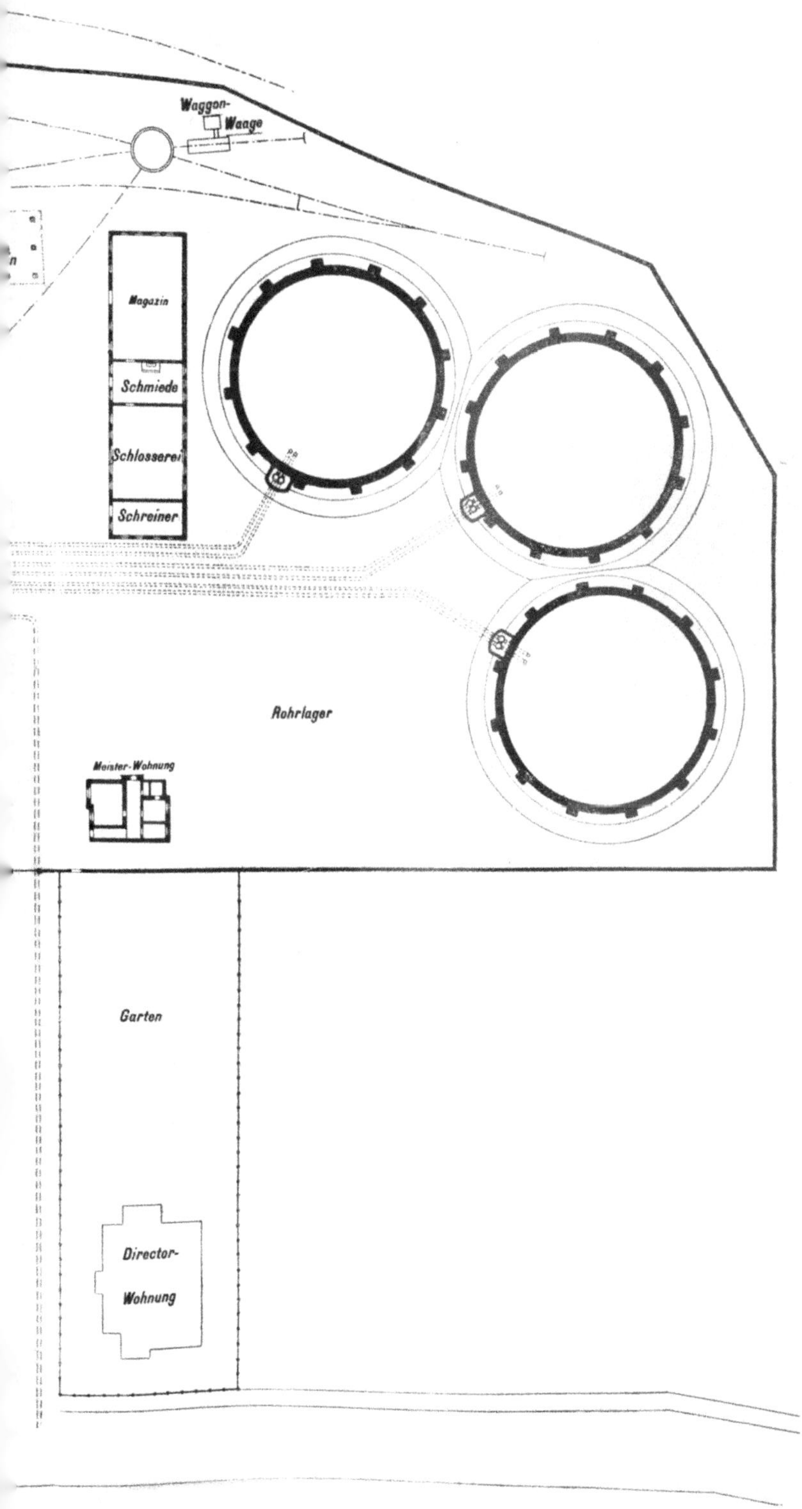

Gasanstalt „Oestre Gasvoe

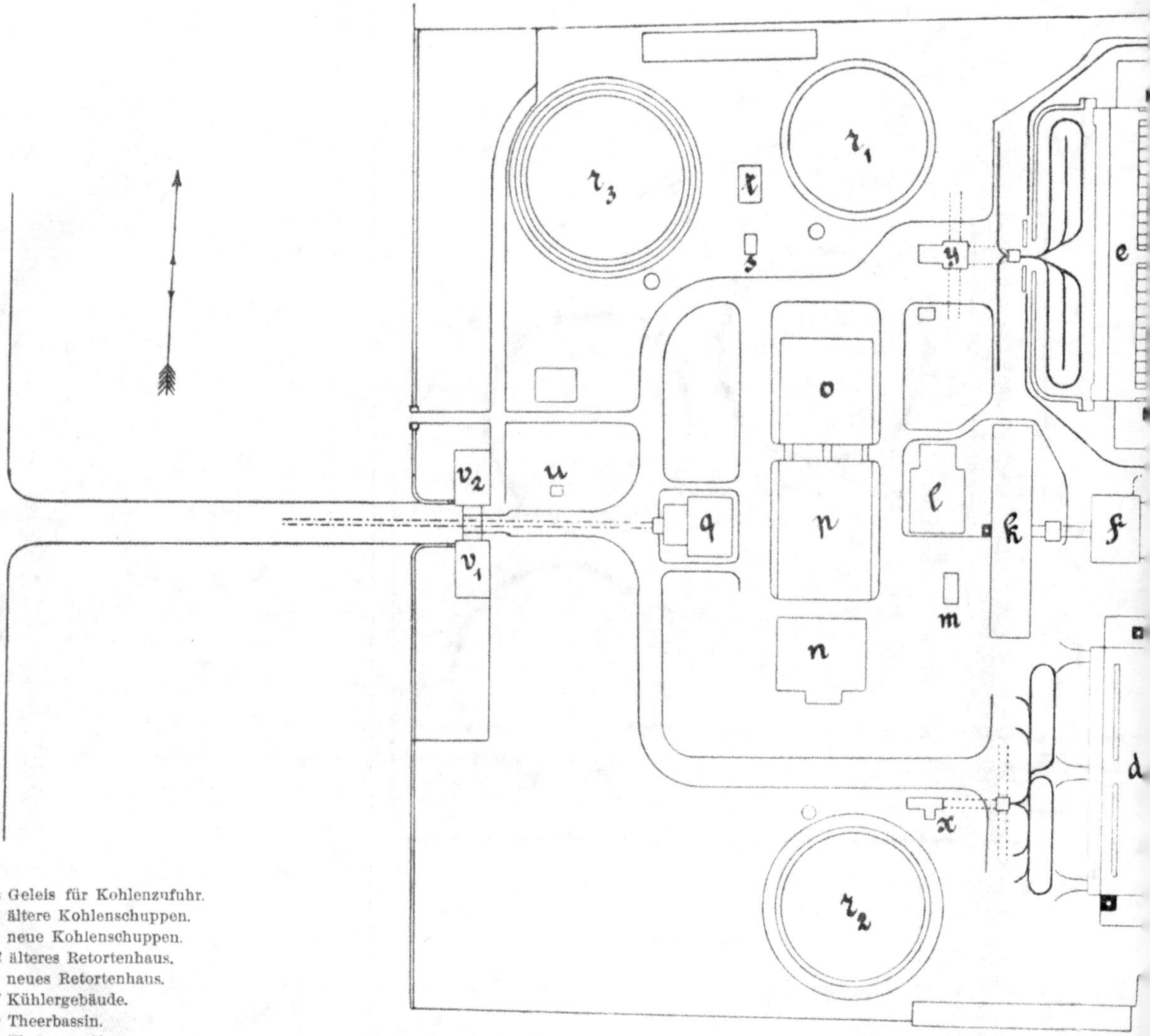

a Geleis für Kohlenzufuhr.
b ältere Kohlenschuppen.
c neue Kohlenschuppen.
d älteres Retortenhaus.
e neues Retortenhaus.
f Kühlergebäude.
g Theerbassin.
h Theercentrifugen.
i entwässerter Theer.
j roher Theer.
k Maschinen- und Kesselhaus.
l Wäschergebäude.
m Ammoniakfabrik.
n älteres Reinigergebäude.
o neues Reinigergebäude.
p Regenerationsgebäude.
q Uhren- und Reglerhaus
r_1 r_2 r_3 Gasbehälter.
s Dampfkessel zur Behälterheizung.
t Versuchsgasanstalt.
u Spritzenhaus.
v_1 v_2 Verwaltungsgebäude.
x *y* Cokebrecher.

Maasstab 1:

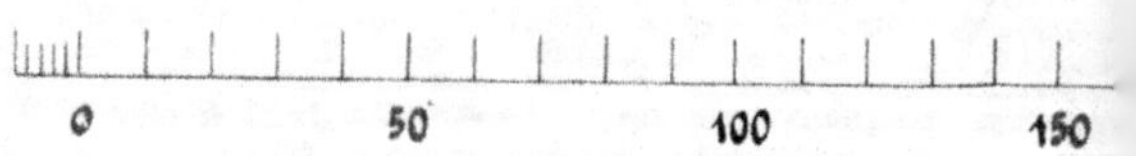

penhagen.

a
c
Petroleum-
Behälter
c
Wassergas-
Anstalt.
„Relief“-Gasbehälter
Hauptleitung für Wassergas
Koks-Transport
K
a
a
b.
b
Eisenbahn Helsingör-Kopenhagen
nach dem Freihafen
250
300 m.

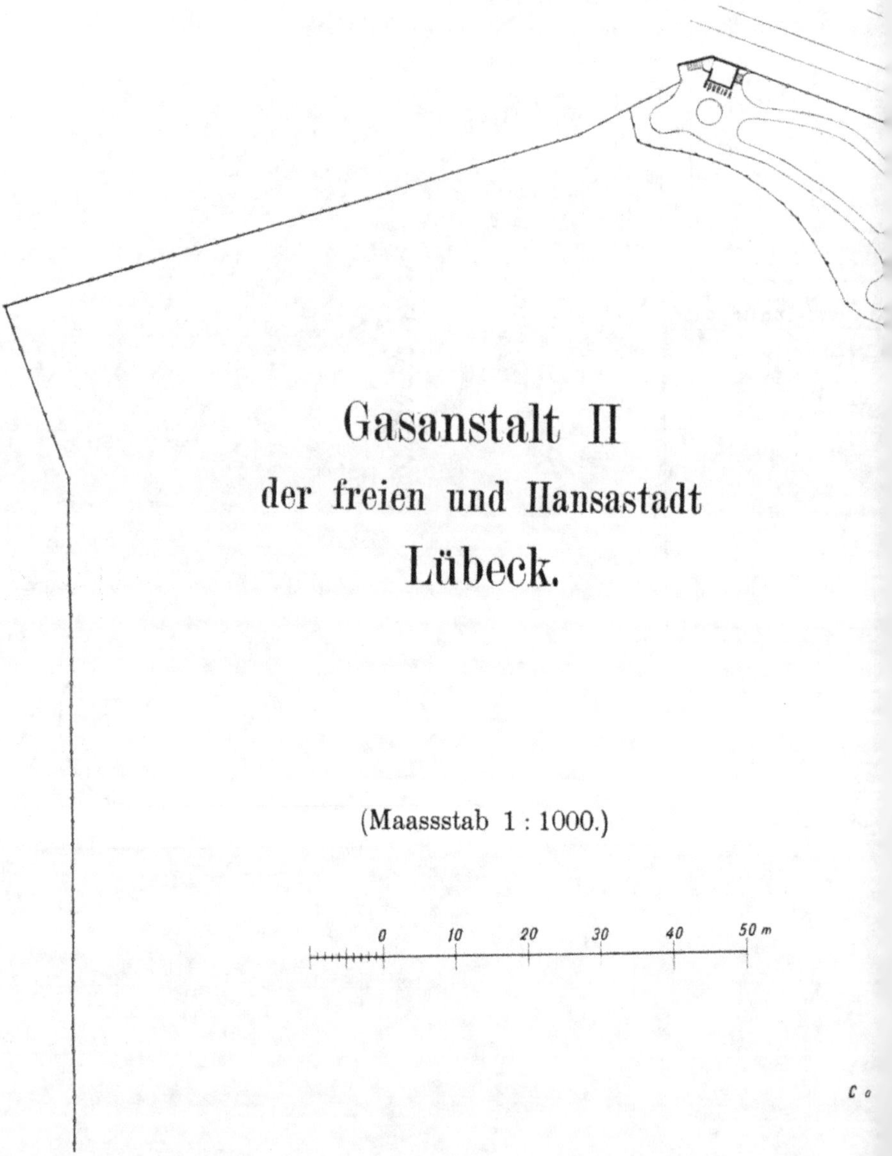

Gasanstalt II
der freien und Hansastadt
Lübeck.

(Maassstab 1 : 1000.)

Tafel VIII.

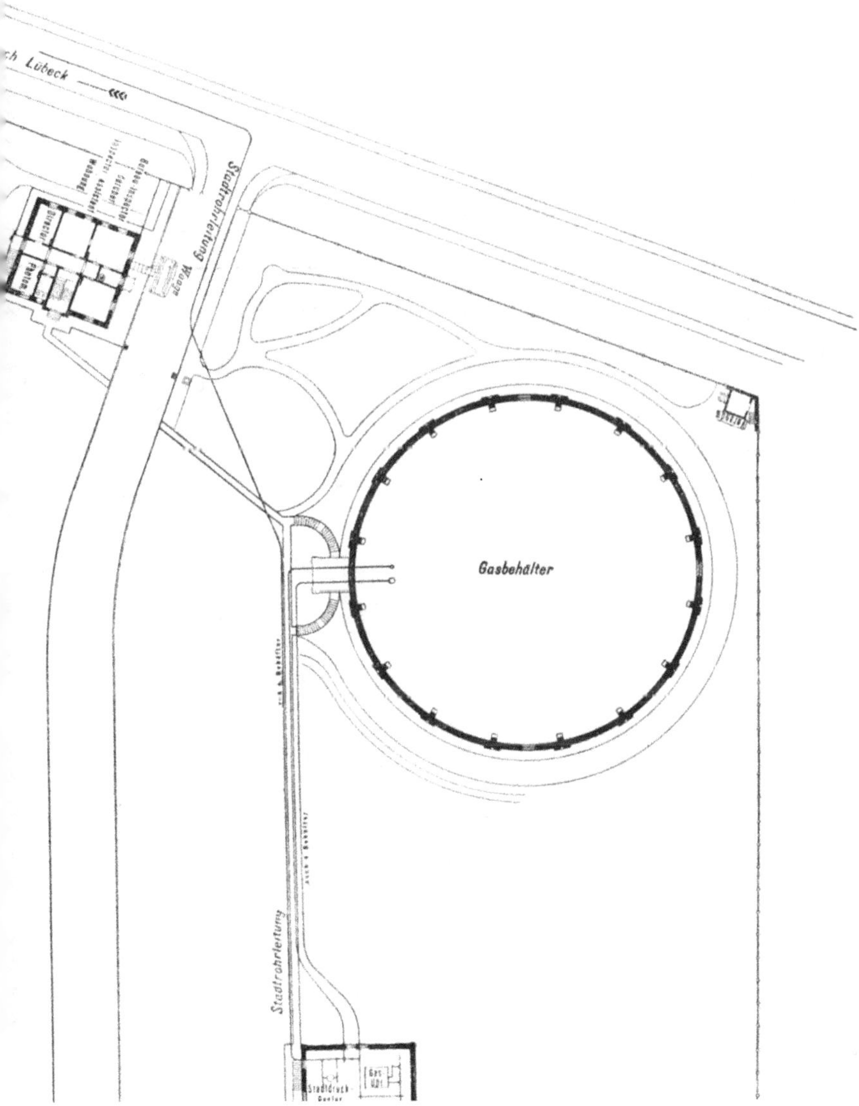
ch Lübeck
Stadtrohrleitung
Waage
Gasbehälter
Stadtrohrleitung

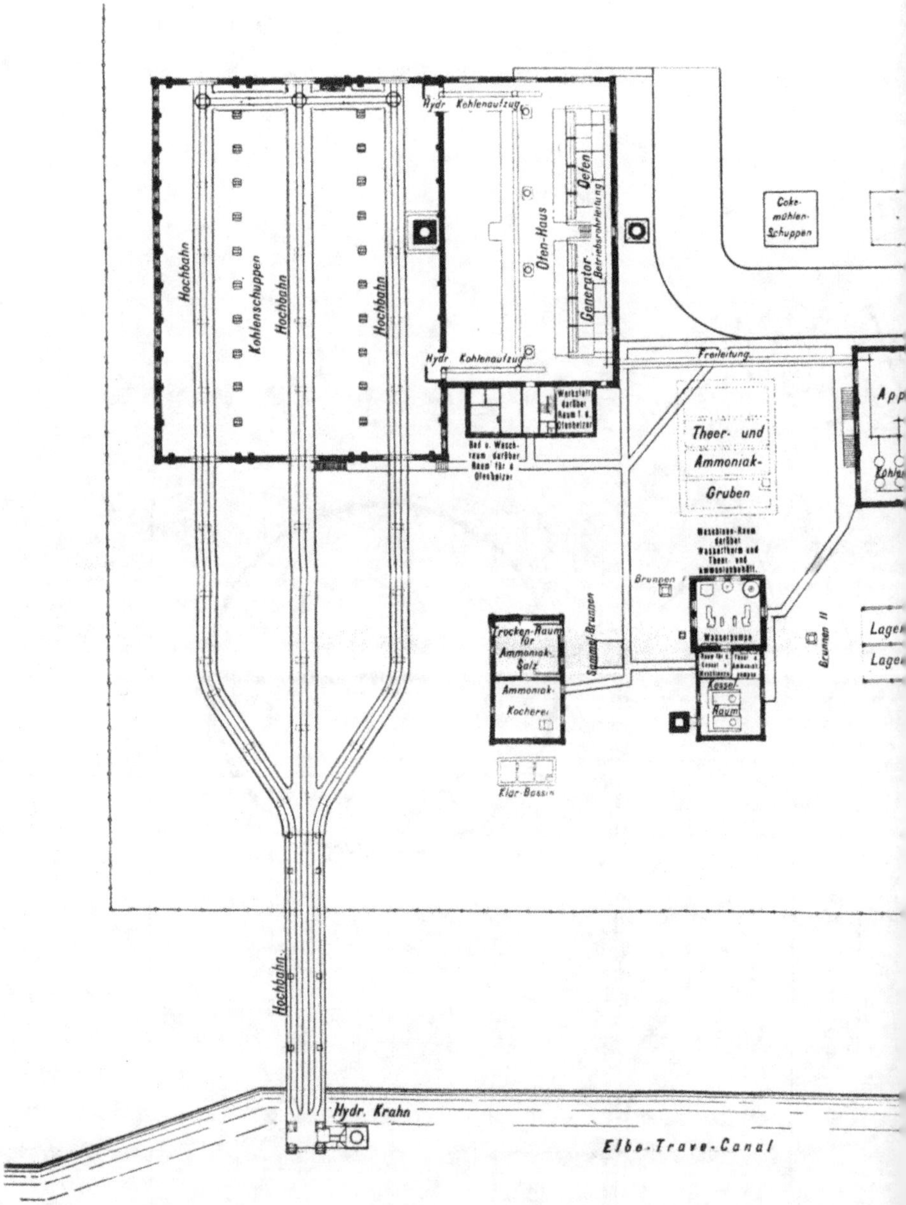

Hydr. Kohlenaufzug
Oefen
Ofen-Haus
Generator
Betriebsrohrleitung
Hochbahn
Kohlenschuppen
Hochbahn
Hochbahn
Hydr. Kohlenaufzug
Coke-mühlen-Schuppen
Freileitung
Theer- und Ammoniak-Gruben
Trocken-Raum für Ammoniak-Salz
Ammoniak-Kocherei
Klar-Bassin
Sammel-Brunnen
Brunnen I
Brunnen II
Wasserpumpe
Kessel-Raum
Hochbahn
Hydr. Krahn
Elbe-Trave-Canal

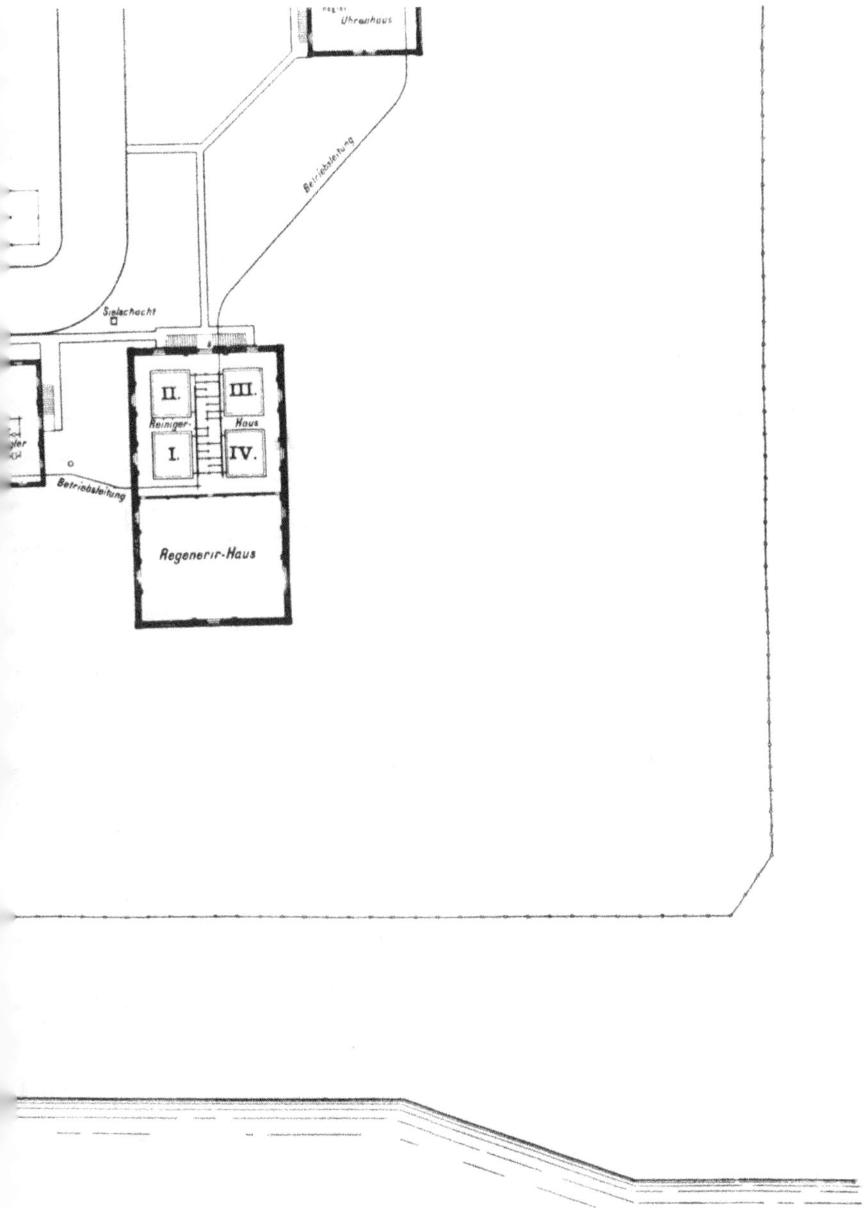
Uhrenhaus
Betriebsleitung
Sielschacht
II.
III.
Reiniger-
Haus
I.
IV.
Betriebsleitung
Regenerir-Haus

Gaswerk

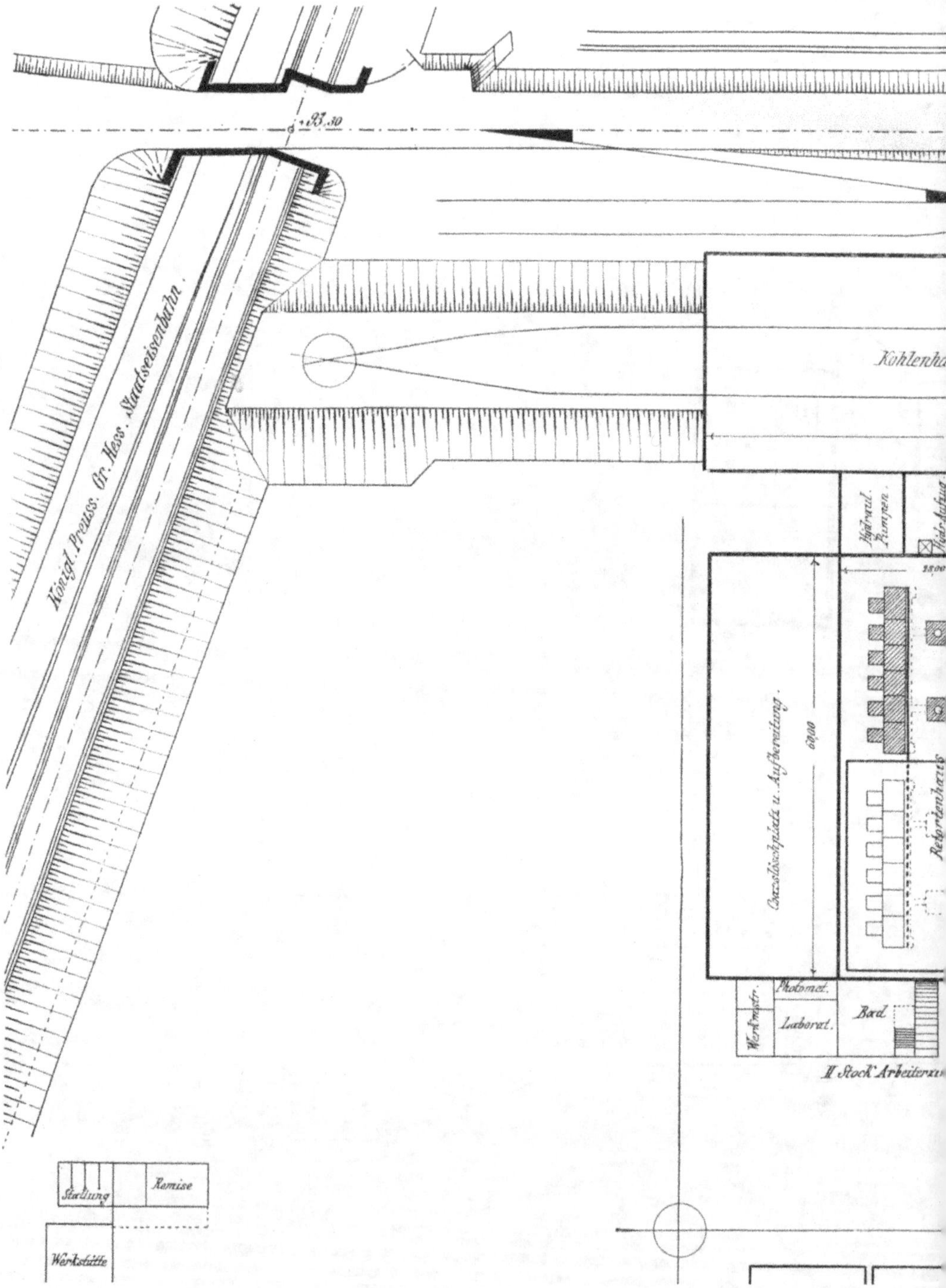
+93.30
Königl. Preuss. Gr. Hess. Staatseisenbahn.
Hydraul. Pumpen.
2800
Cokeslöschplatz u. Aufbereitung.
6800
Retortenhaus
Werkmstr.
Photomet.
Laborat.
Bad
Stallung
Remise
Werkstätte

nheim. Tafel IX.

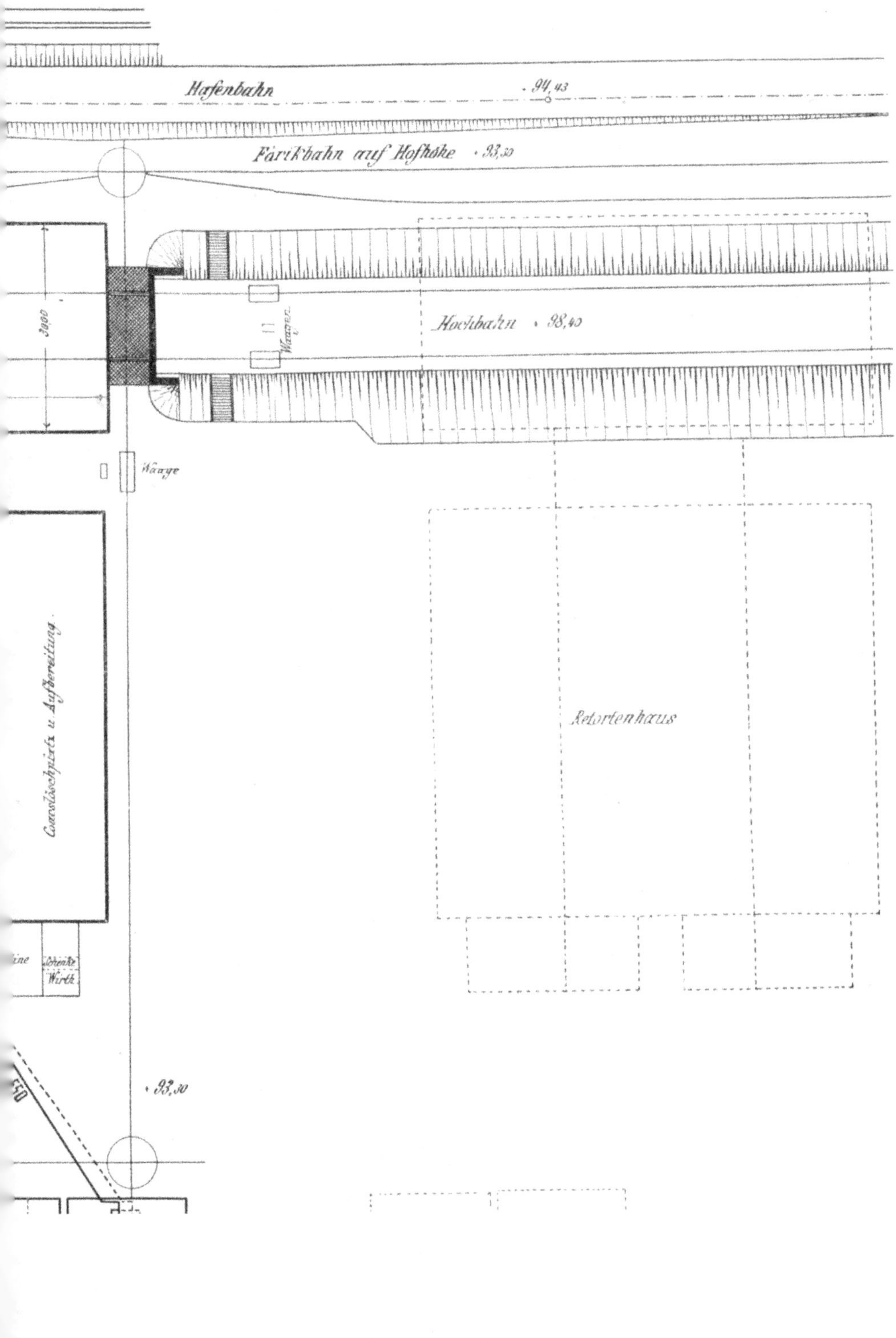

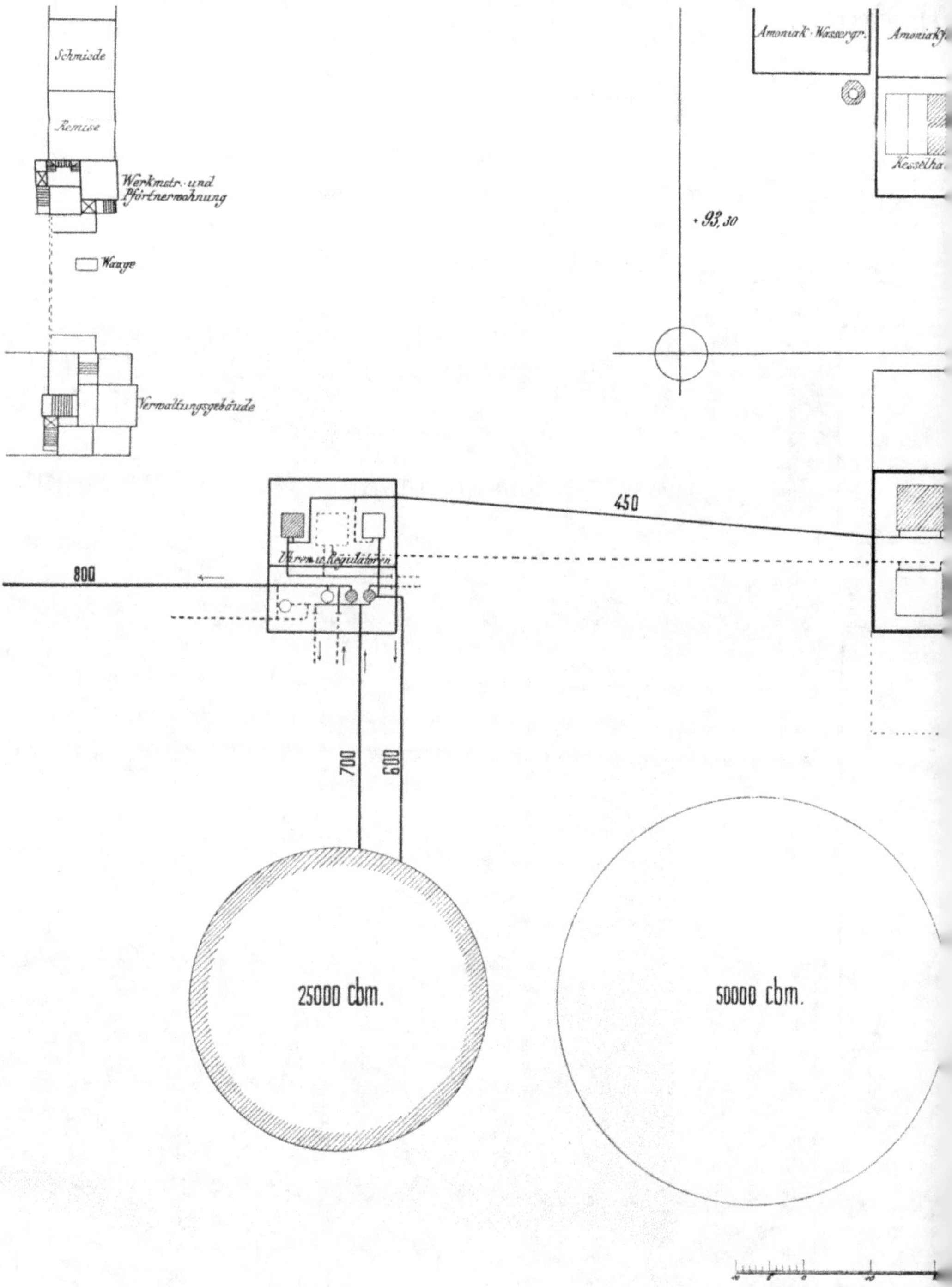
Schmiede
Remise
Werkmstr. und Pförtnerwohnung
Waage
Verwaltungsgebäude
Amoniak-Wassergr.
+93,30
Uhren u. Regulatoren
450
800
700
600
25000 cbm.
50000 cbm.
Maa

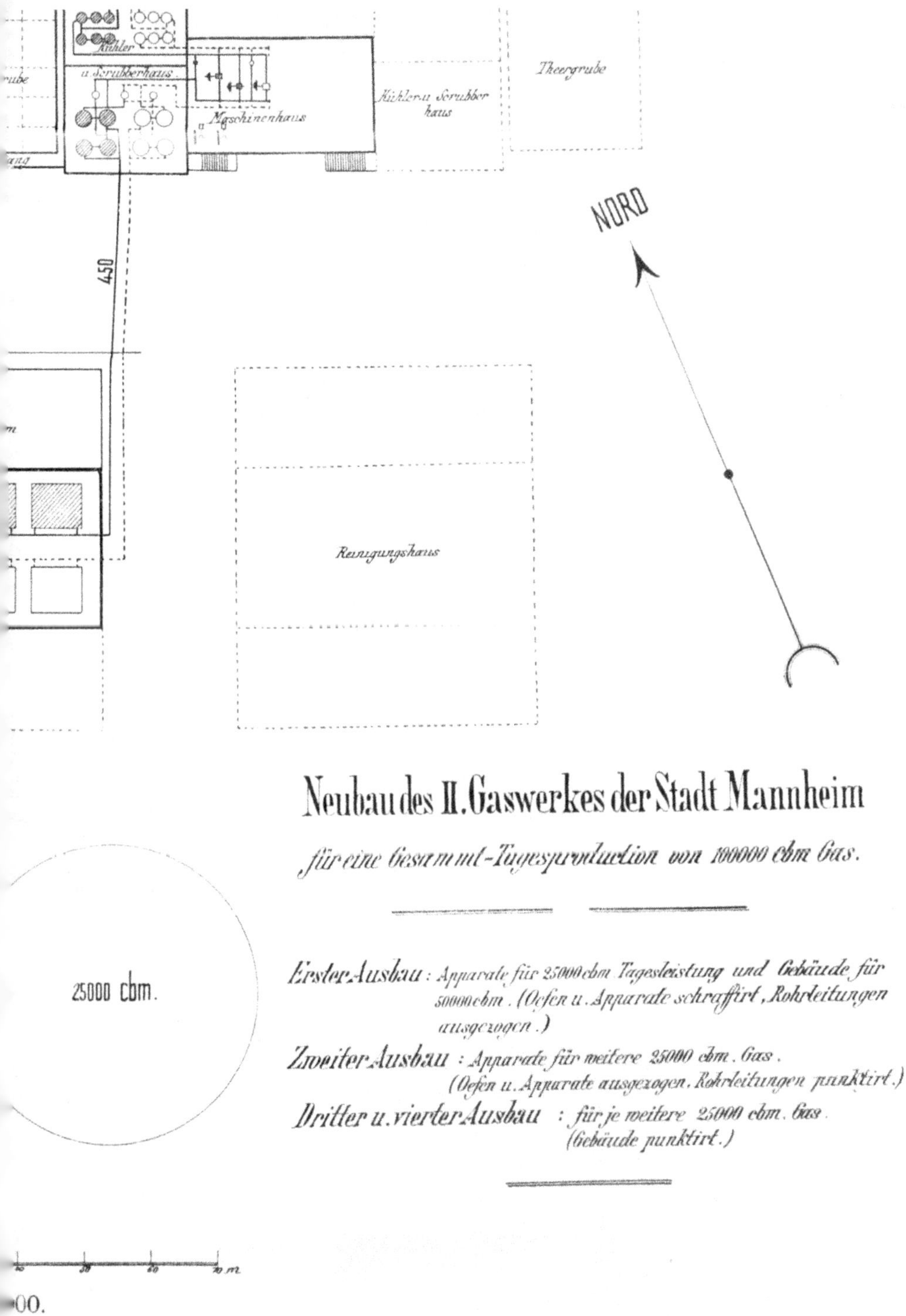
Kühler
u. Scrubberhaus
Maschinenhaus
Kühler u. Scrubber haus
Theergrube
NORD
450
Reinigungshaus
25000 cbm.
Neubau des II. Gaswerkes der Stadt Mannheim
für eine Gesammt-Tagesproduction von 100000 cbm Gas.
Erster Ausbau: Apparate für 25000 cbm Tagesleistung und Gebäude für 50000 cbm. (Oefen u. Apparate schraffirt, Rohrleitungen ausgezogen.)
Zweiter Ausbau: Apparate für weitere 25000 cbm. Gas. (Oefen u. Apparate ausgezogen, Rohrleitungen punktirt.)
Dritter u. vierter Ausbau: für je weitere 25000 cbm. Gas. (Gebäude punktirt.)
00.

Neues Gaswe

Ganzes Project für 120 000 cbm Tagesproduction.

Im Bau { Gebäude für 60 000 cbm Tagesproduction.
Apparate » 30 000 »

Bedeutung der Zahlen:

1 Bureaux und Wohnung.
2 Bade- und Doucheanlage, Speisesaal, Portier und Wohnung.
3 Maschinenhaus, Gebäude für Kühler, Gassauger und Wäscher.
4 Gebäude für Gasmesser und Druckregler.
5 Gebäude für Dampfkessel, Ammoniakfabrik und Pumpen.
6 Ofenhaus.
7 Reinigung mit Regeneration.
8 Gasbehälter von 15 000 cbm Inhalt.
9 Kohlenmagazin.
10 Cokebrecher.
11 Theer- und Ammoniakwasser-Gruben.
12 und 13. Waagen.

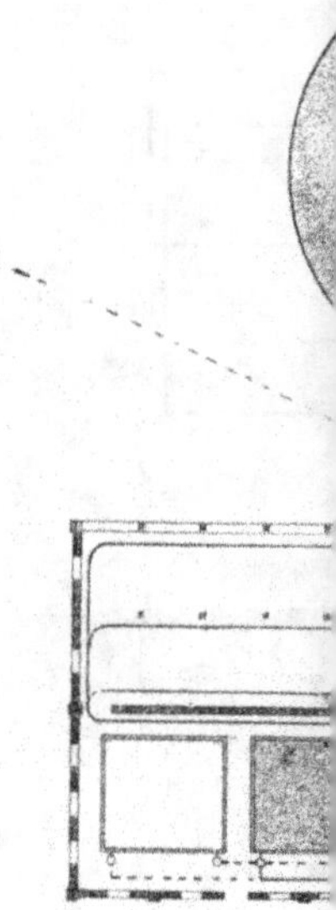

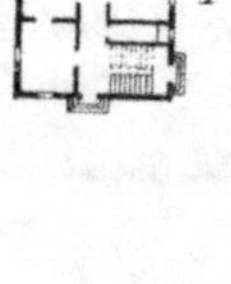

ılhausen i. E.

Tafel X.

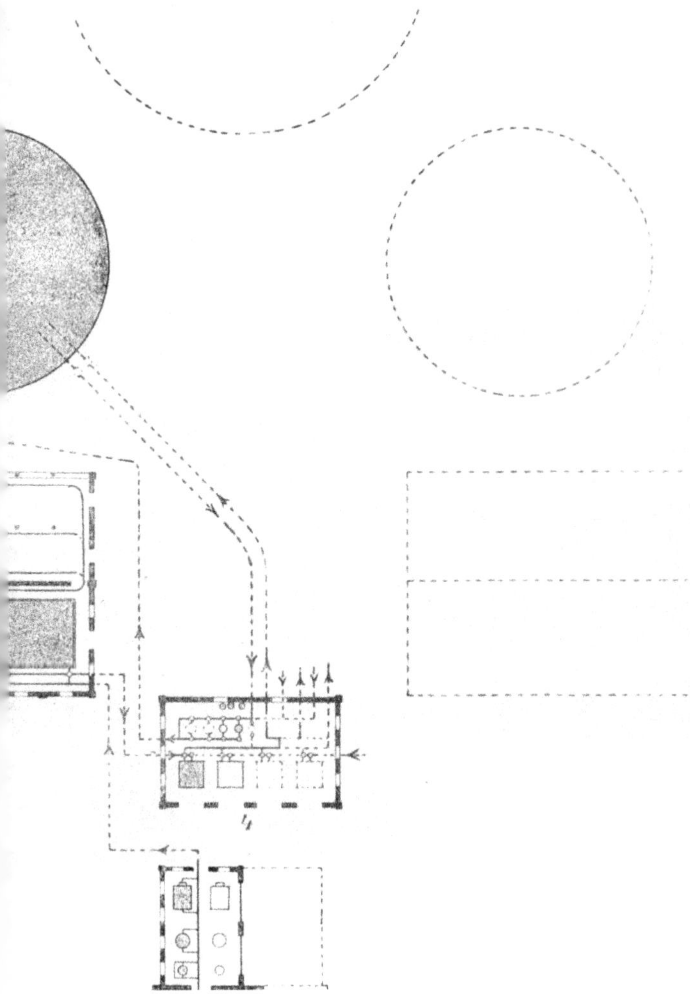

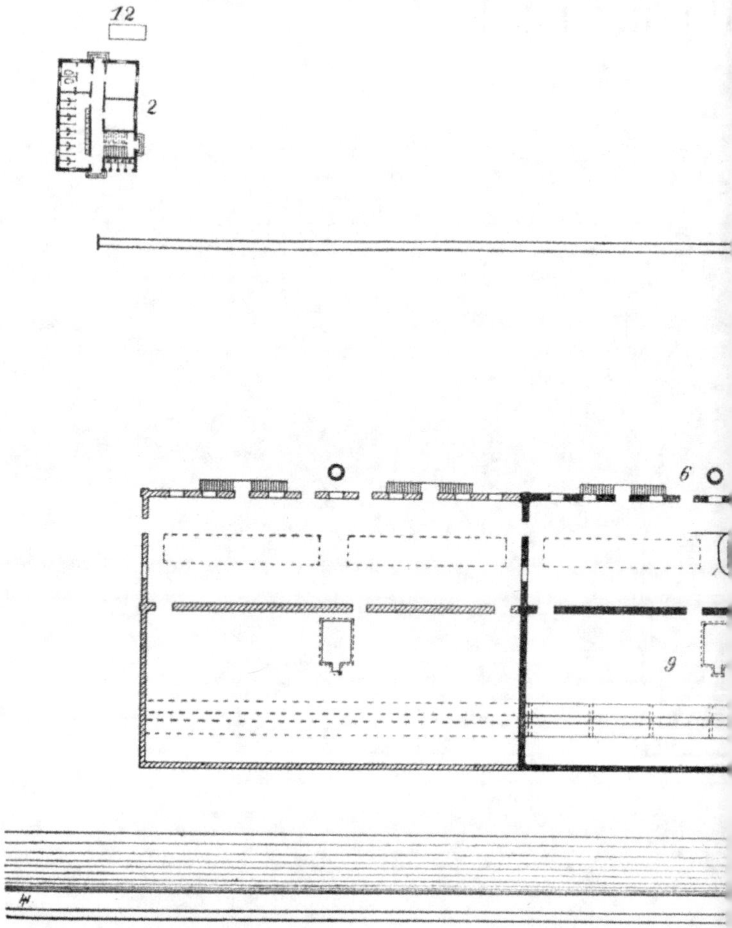

Maassstab 1 : 1000. 10 5 0

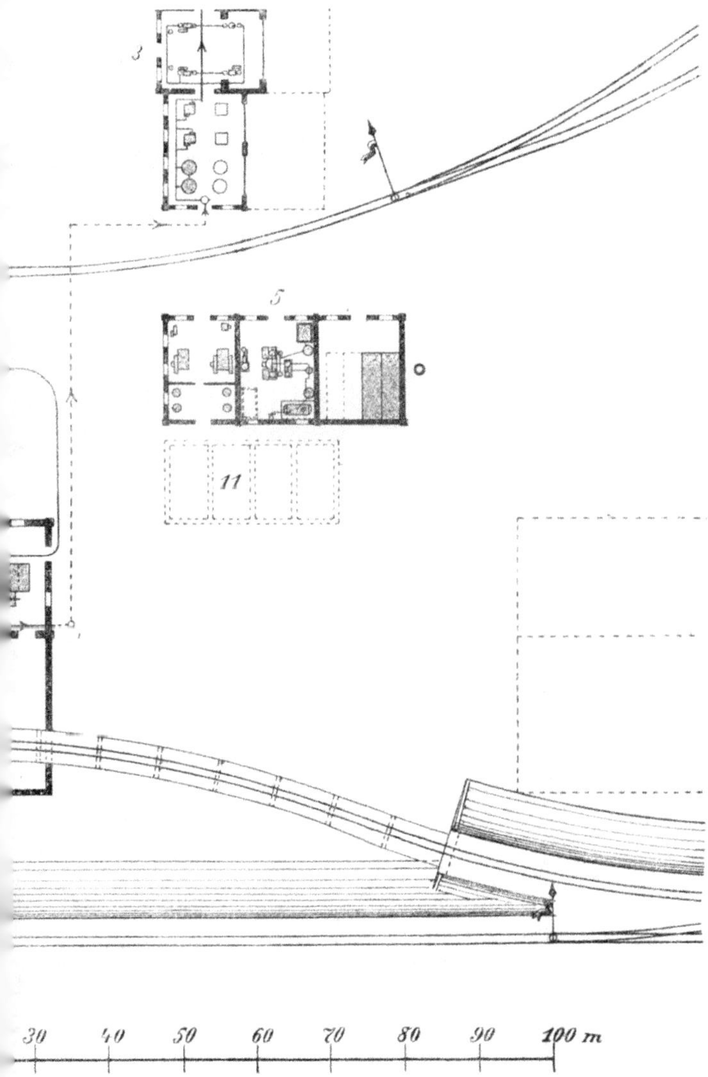
3
5
11
30
40
50
60
70
80
90
100 m

Neues Ga

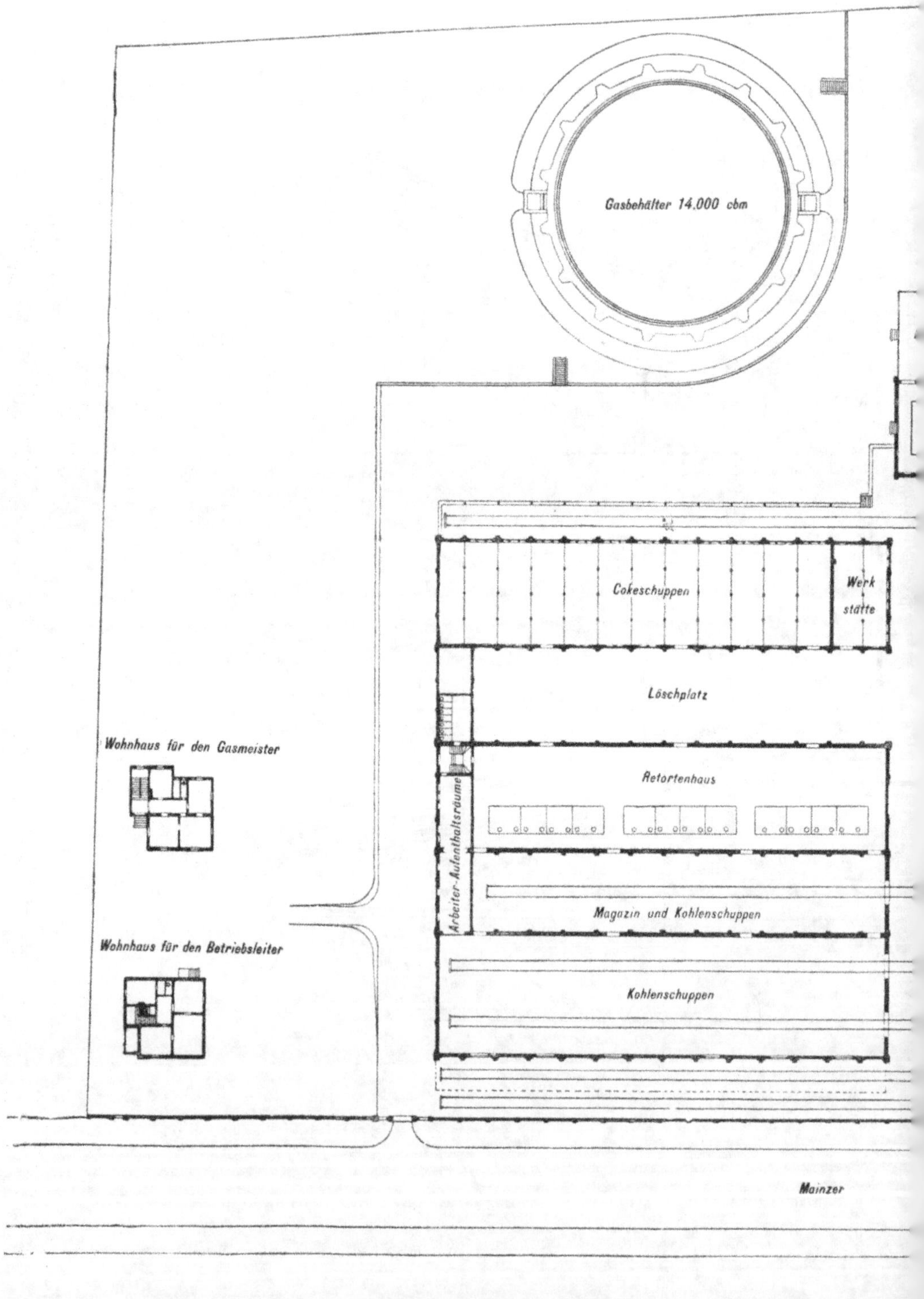

Gasbehälter 14.000 cbm
Cokeschuppen
Werk stätte
Löschplatz
Wohnhaus für den Gasmeister
Retortenhaus
Arbeiter-Aufenthaltsräume
Magazin und Kohlenschuppen
Wohnhaus für den Betriebsleiter
Kohlenschuppen
Mainzer

Wiesbaden. (Maassstab 1 : 1000). Tafel XI.

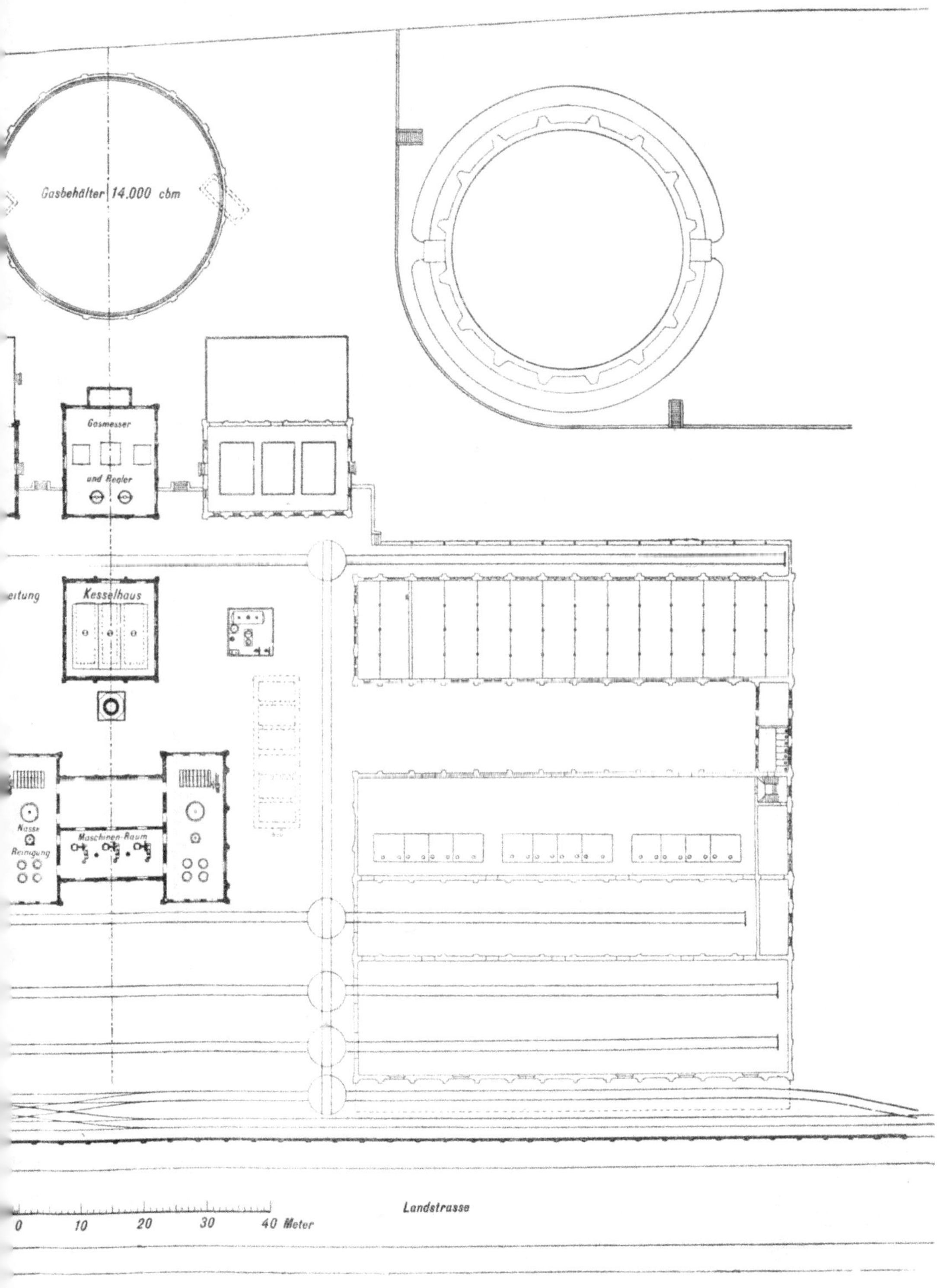

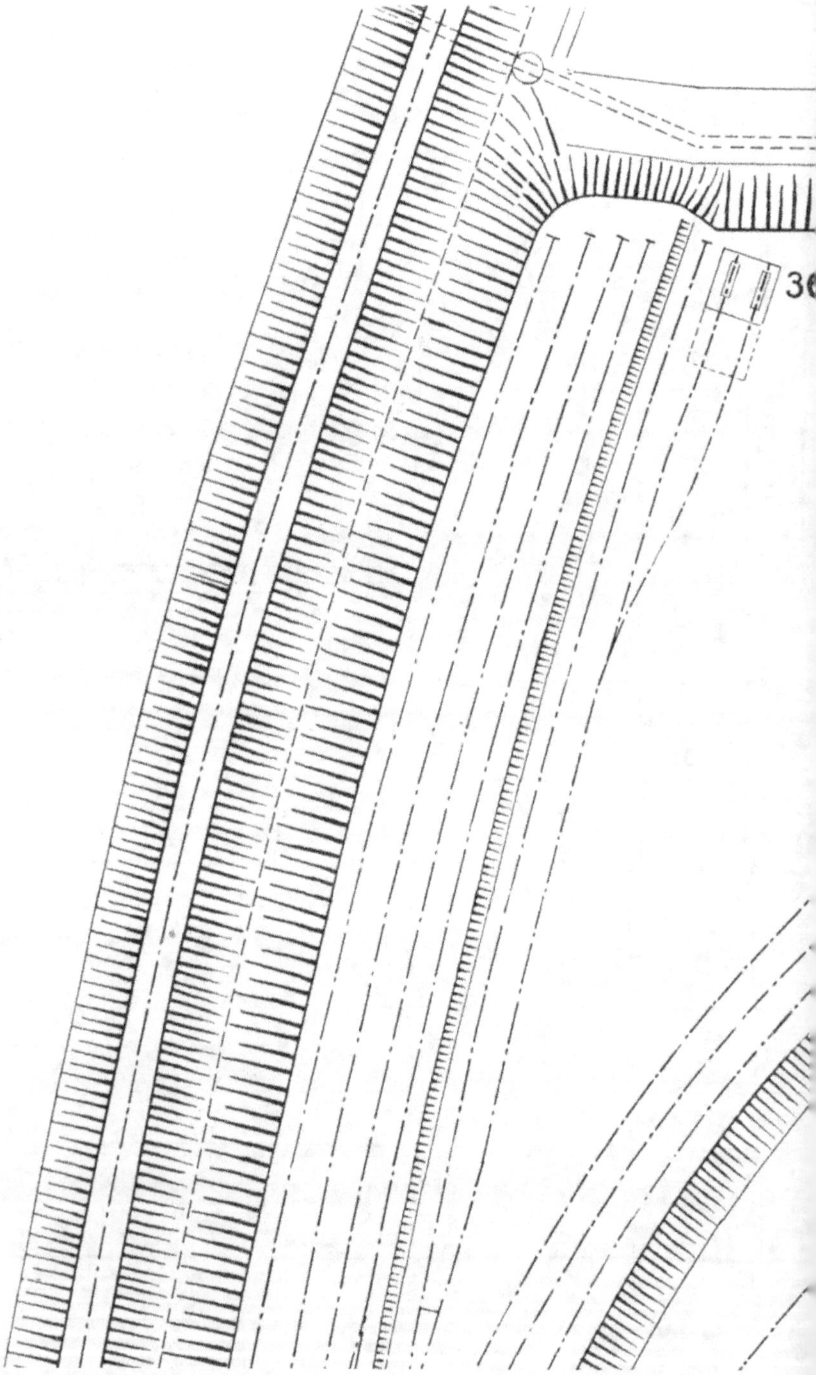

Project Gaswerk Bre

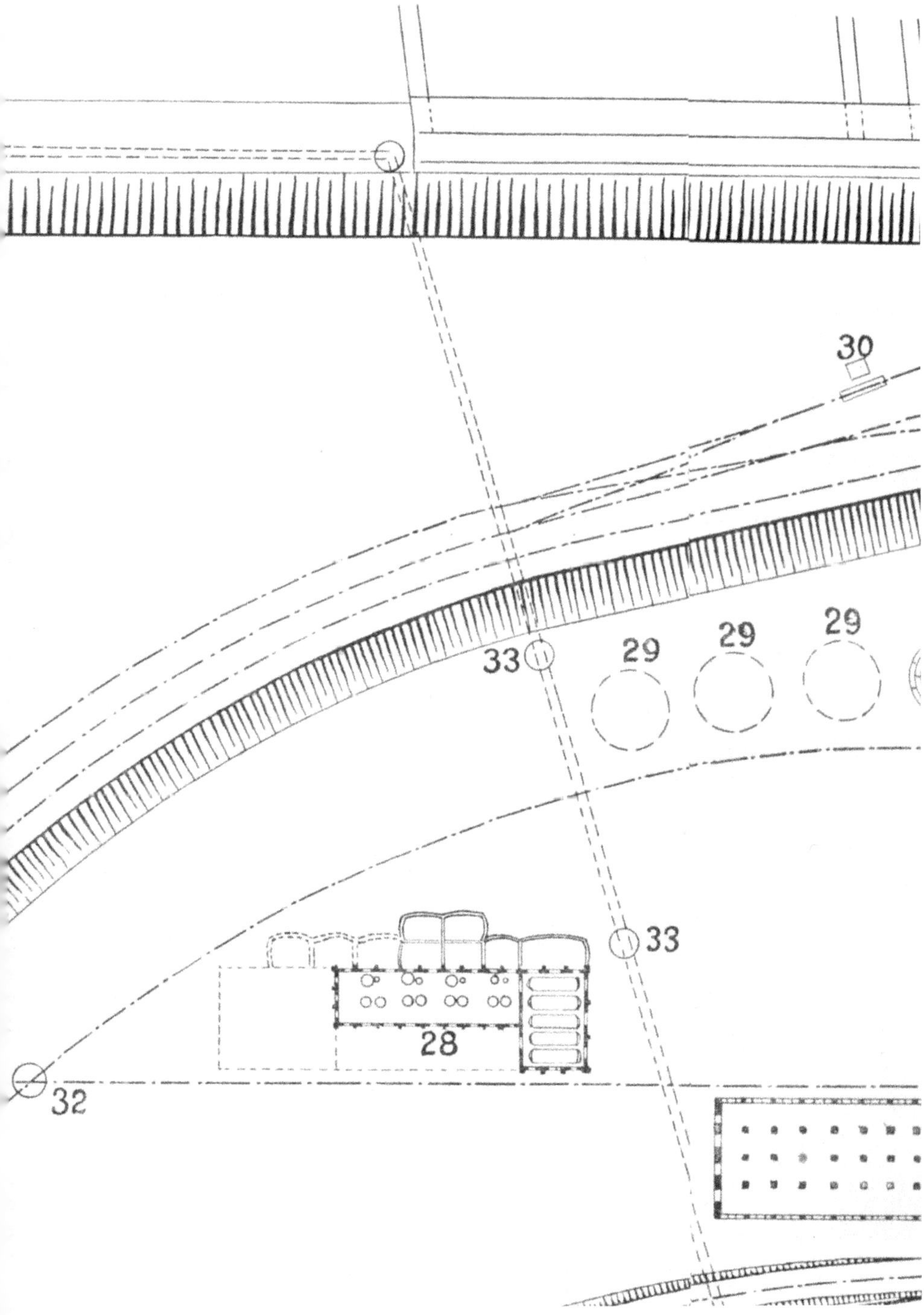

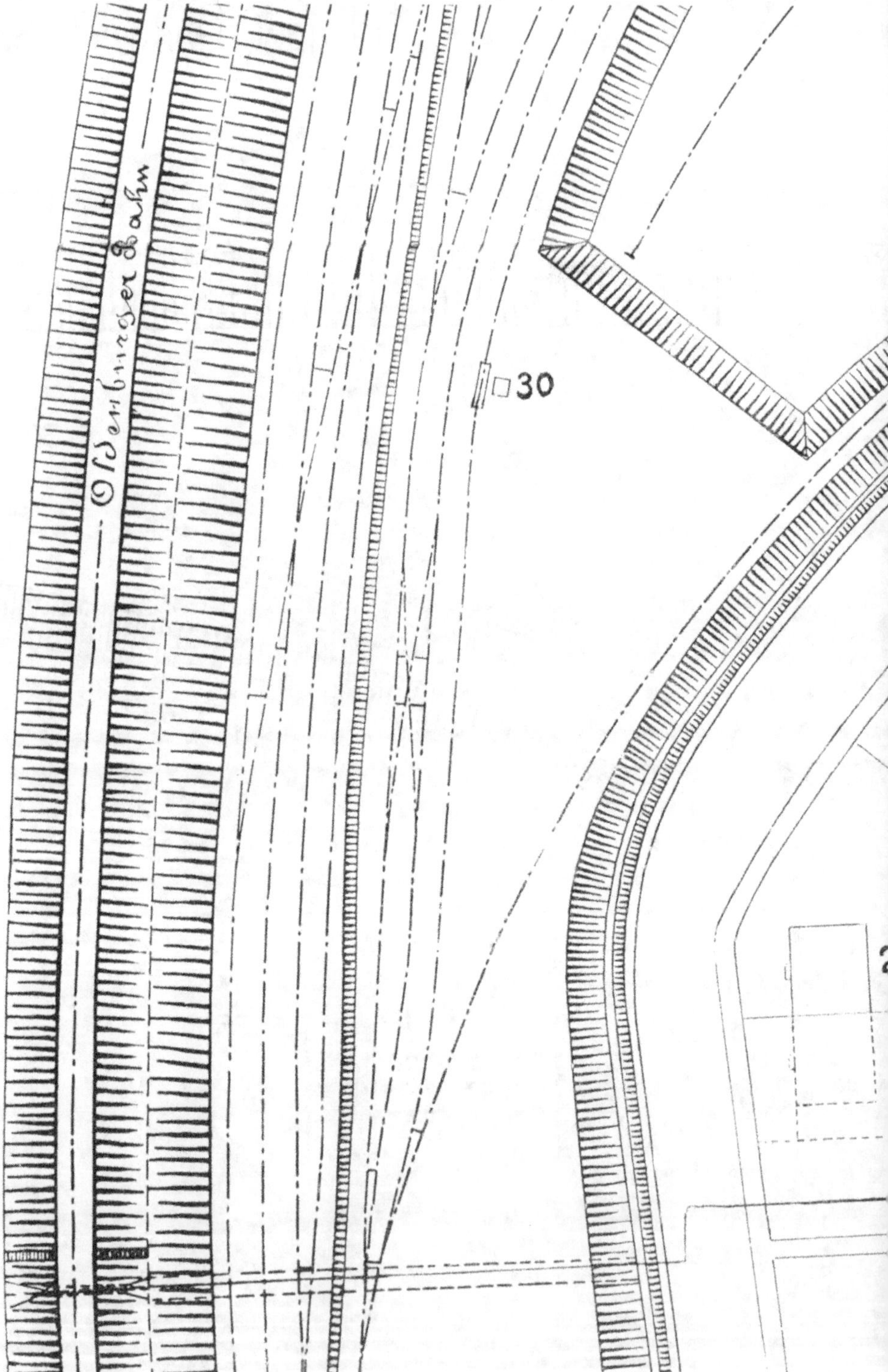
Osnabrücker Bahn
30

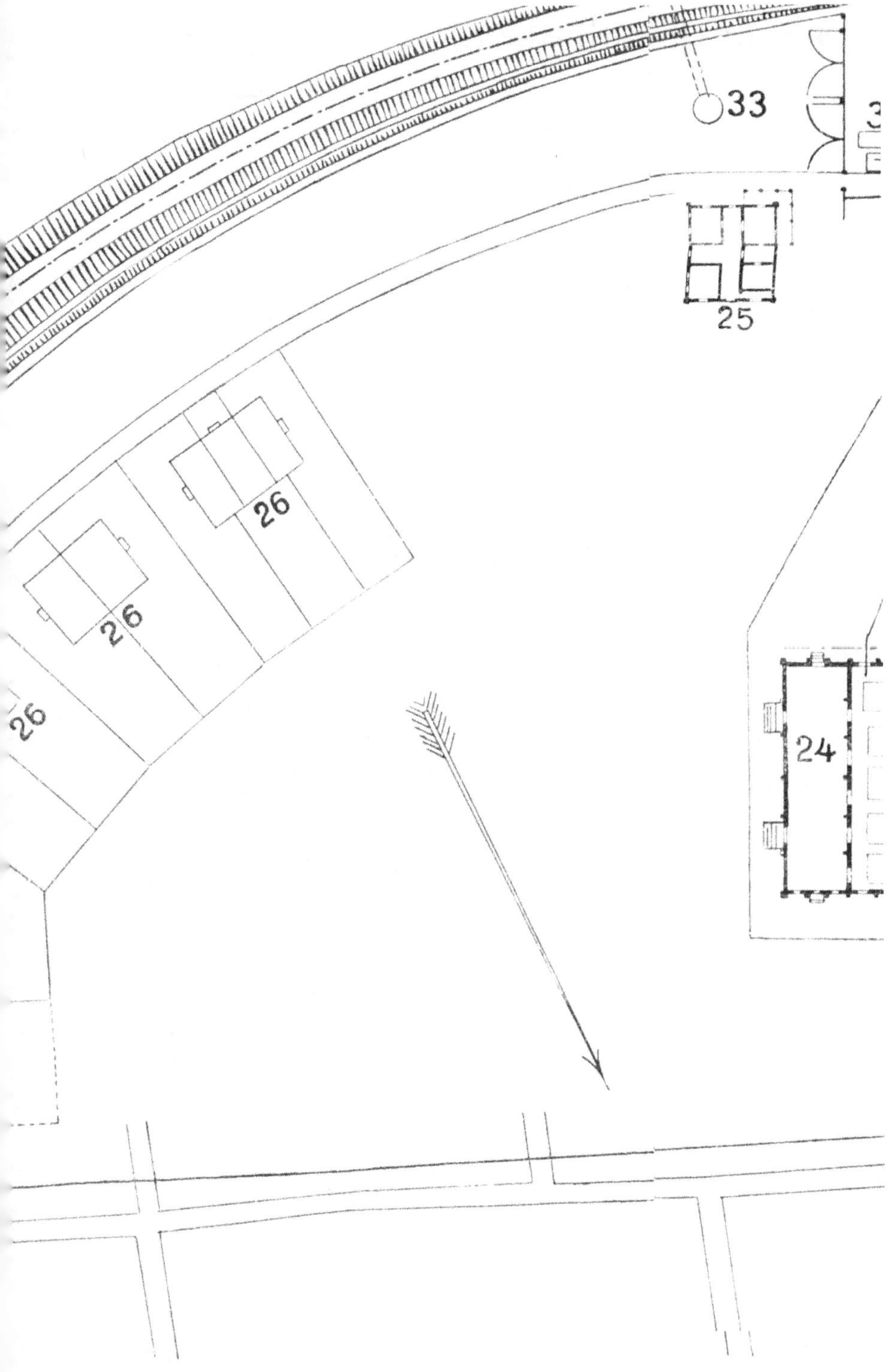
33
25
26
26
26
24

men-Woltmershausen.

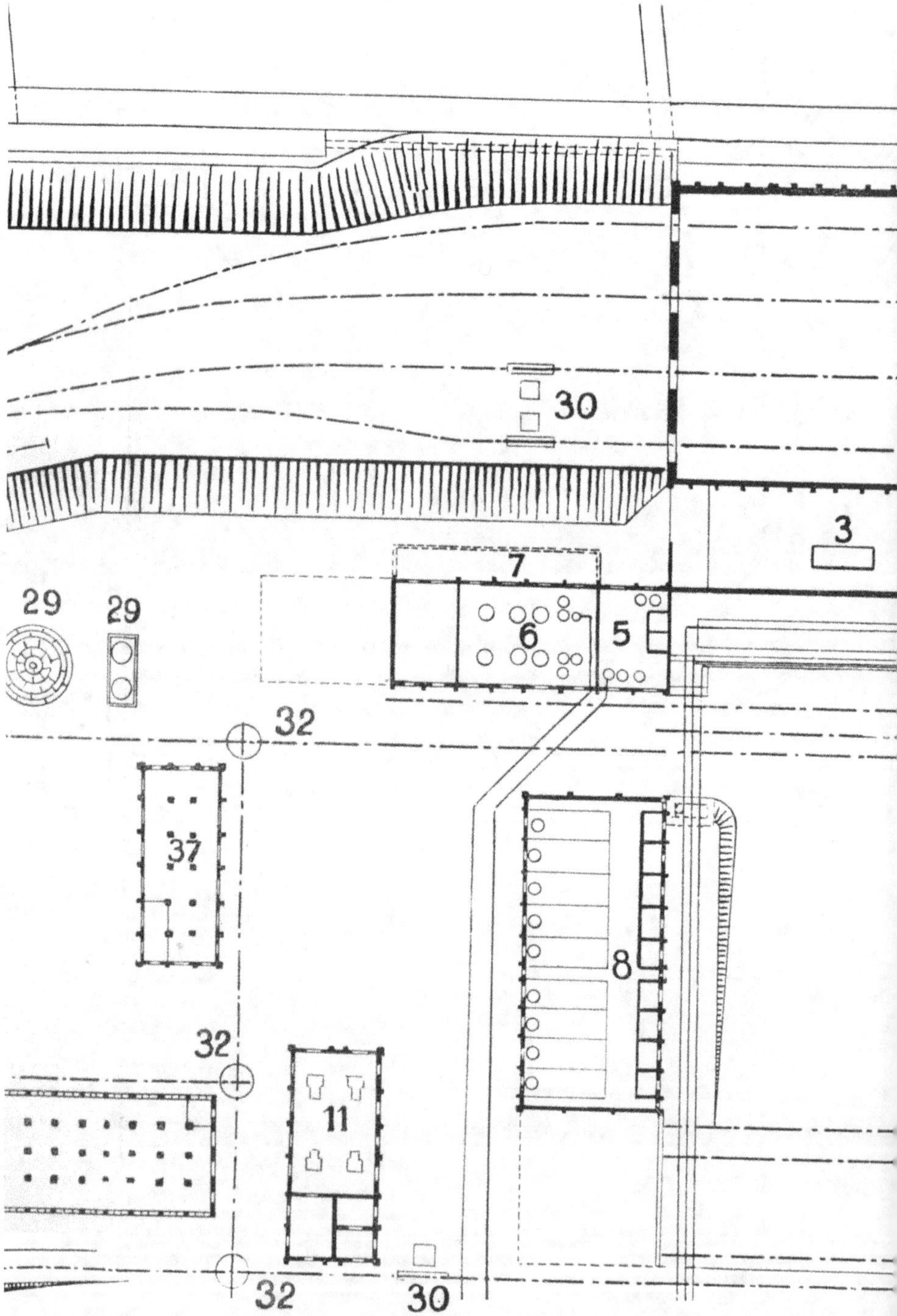

Tafel IV.

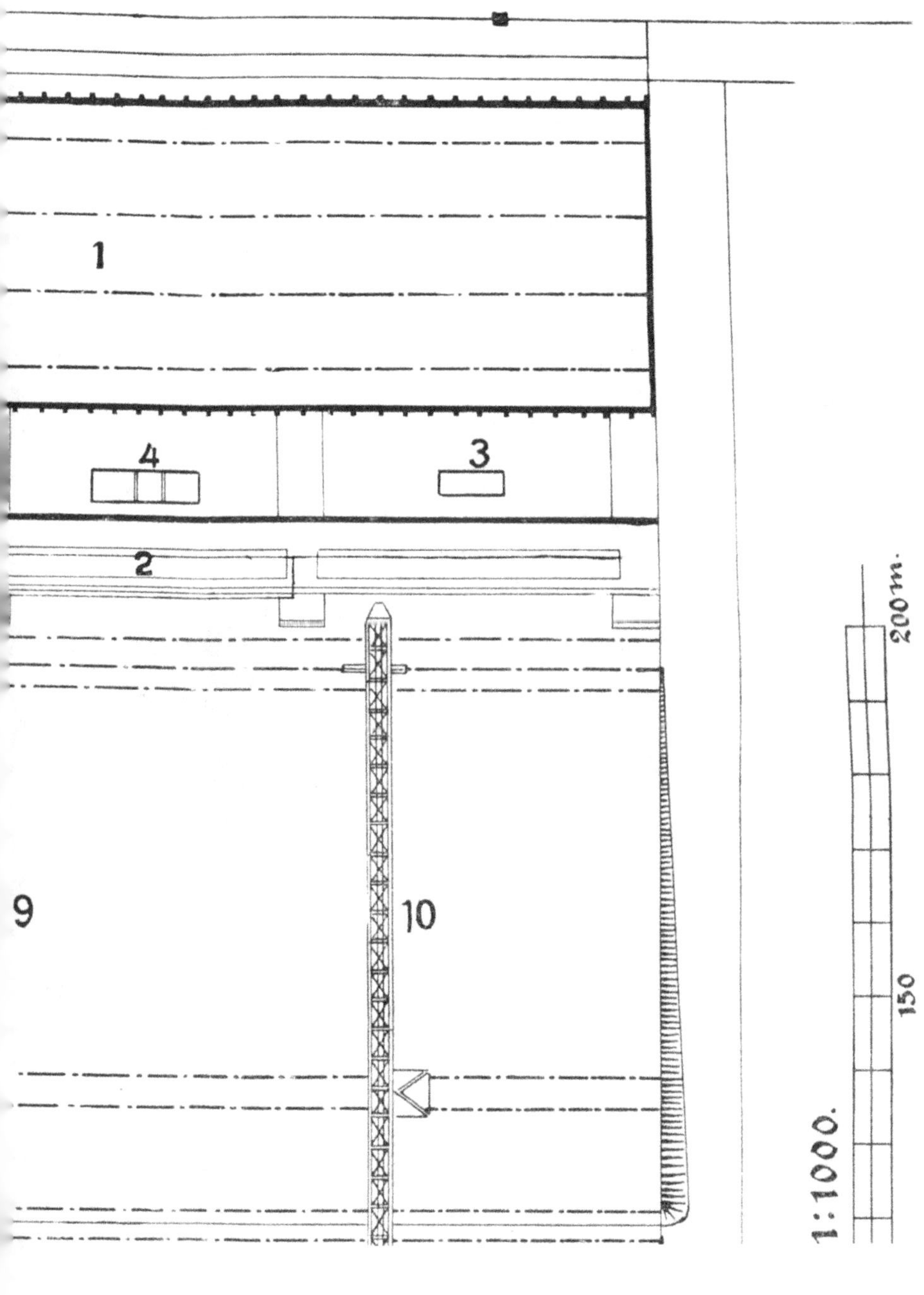

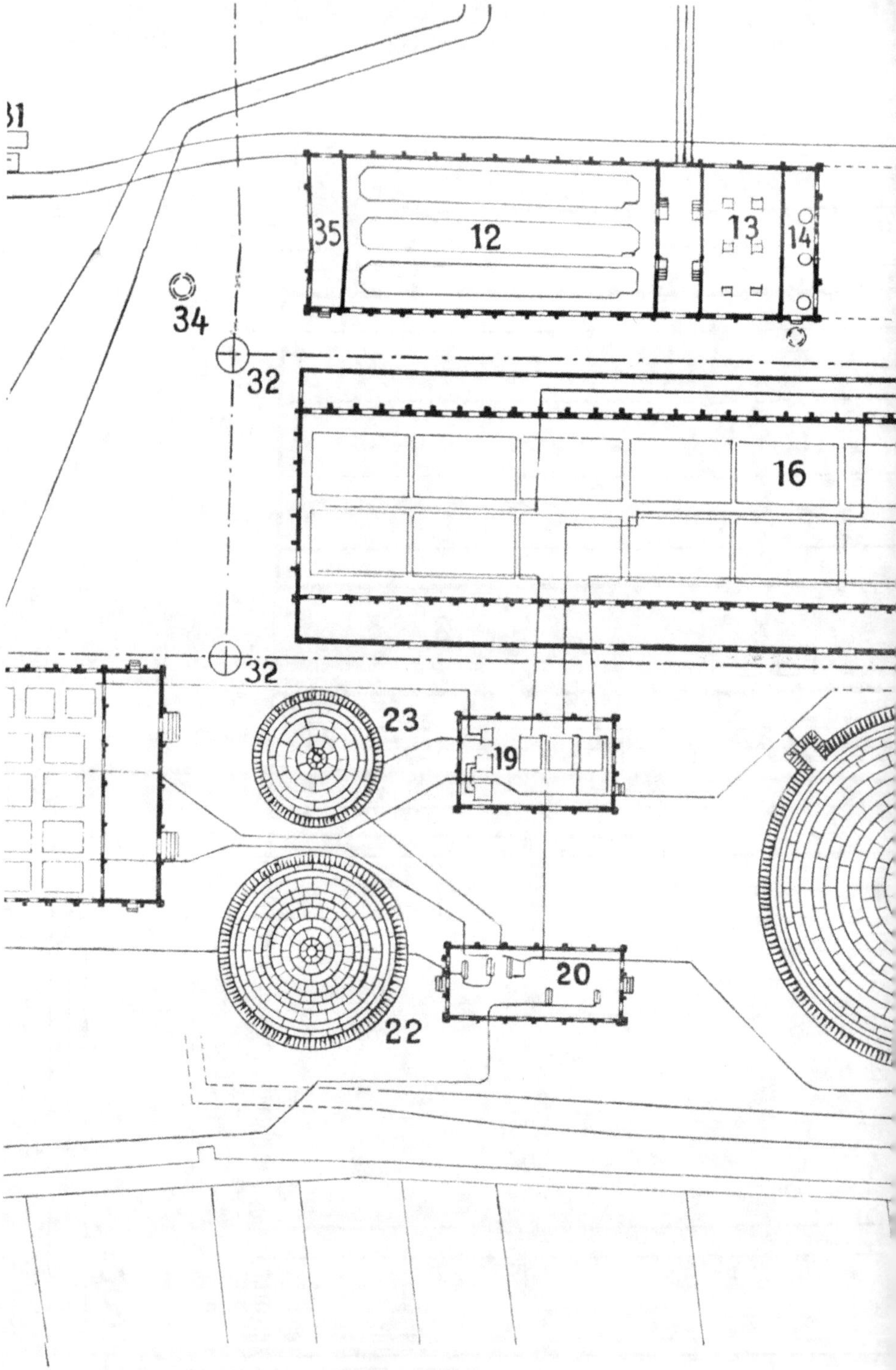

31
35
12
13
14
34
32
16
32
23
19
22
20

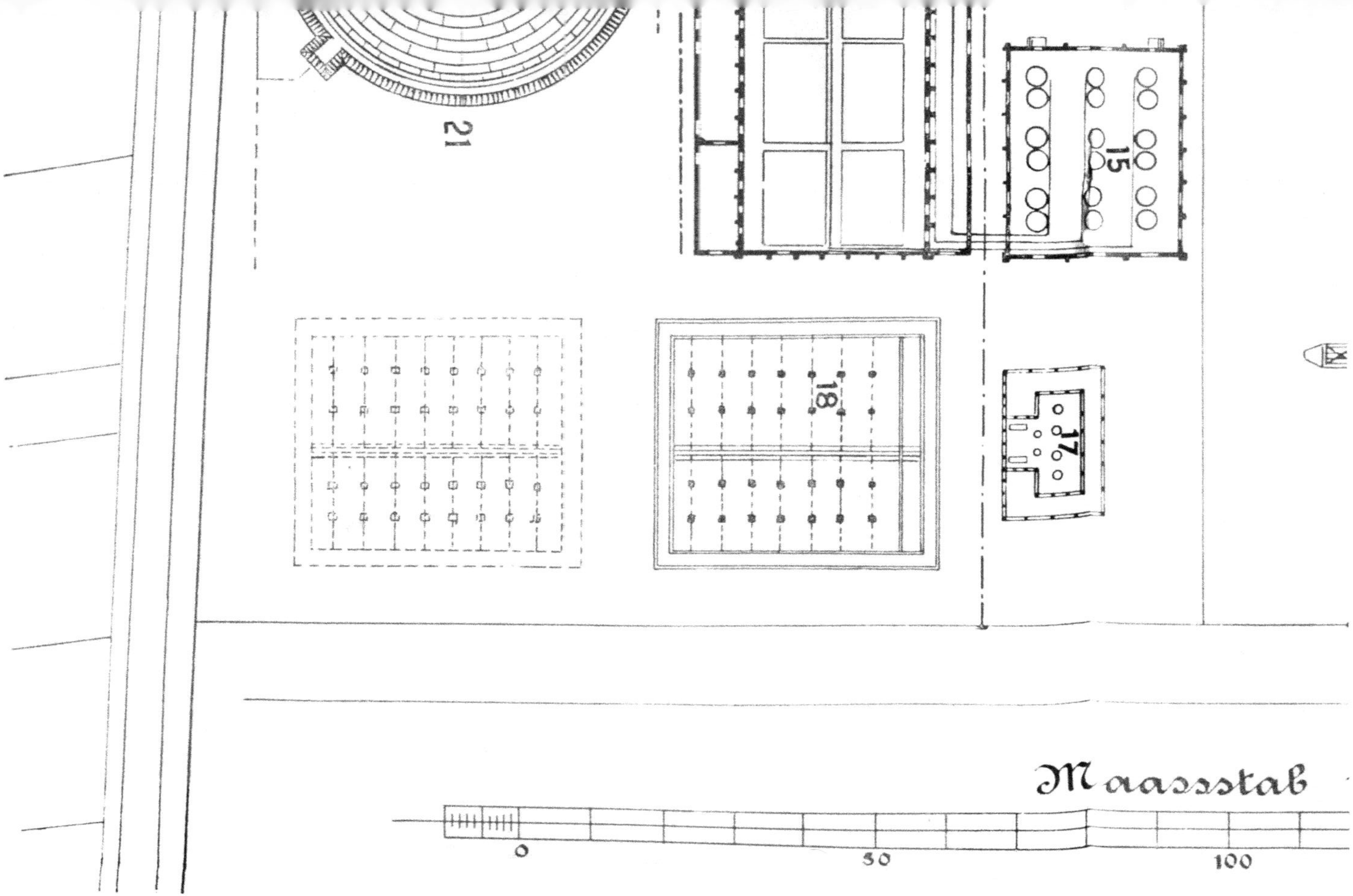
21
15
18
17
Maasstab
0
50
100

www.ingramcontent.com/pod-product-compliance
Lightning Source LLC
LaVergne TN
LVHW081340011026
849161LV00013BB/2965

9783486725582